황금 비율

이광연 지음

생일이 피보나치 수로 이루어져 있고
그 수들의 비율이 황금비에 가까운 사람이 좋은 운명

지구상에 있는 모든 나라를 서로 이웃한 나라는
같은 색으로 칠하지 않고 칠할 수 있는 최소의 색은
몇 가지일까?

어느 한 순간에 존재하는 모든 것과
그 존재에 작용하는 모든 힘을 알 수 있다면,
미래를 완벽하게 예측할 수 있다

KYOWOOSA 교우사

머리말

우선 이 책에 등장하는 인물과 그들의 갈등내용은 모두 독자들이 황금비율에 흥미를 가질 수 있도록 하기 위하여 저자가 만들어낸 허구임을 밝혀둔다. 그러나 우면산이나 서해대교 그리고 수학적 내용은 실제이다.

인류역사를 통하여 가장 아름답다고 여겨지고 있는 수학적 내용인 황금비율은 다양한 분야에 활용되고 있다. 그러나 황금비율은 무리수이므로 정확한 길이를 정할 수 없기 때문에 실생활에서는 이에 가까운 5:8 또는 8:13과 같은 정수의 비를 사용하고 있다. 그리고 여기에 사용되는 수는 모두 피보나치수이다.

피보나치수열은 비단 황금비율만을 만들어내는 것은 아니다. 잘 알려진 것처럼 피보나치수열은 자연현상뿐만 아니라 사회현상에서도 빈번하게 나타나기 때문에 다양한 분야에서 적극적으로 활용되고 있다. 피보나치수열을 전공하는 저자는 일반인들이 이 수열의 중요성에 더 많은 관심을 기울일 수 있는 방법을 고민하게 되었다. 그 결과 피보나치수열로부터 얻어지는 황금비율을 소재로 한 이야기를 만들었다.

이 책의 큰 흐름은 등장인물들 사이의 갈등을 중세 수철학자들이 주장한 수에 관한 미신적인 내용을 바탕으로 이야기를 전개한 것이다. 즉, 생일이 피보나치 수로 이루어져 있고, 그 수들의 비율이 황금비에 가까운 사람이 덜 가까운 사람보다 좋은 운명이라는 설정이다. 이야기에서도 나오지만 이런 운명론은 오늘날 옳지 않은 것으로 받아들여지고 있다. 특히 카오스이론은 미래를 예측할 수 없다는 것을 전제로 하며 이야기의 전체적인 바탕에 깔려있다.

늘 그렇듯이 수학자는 수학의 다양한 내용을 독자들에게 전하려고 글쓰기를 한다. 이 책에서도 비단 피보나치수열과 황금비뿐만 아니라 다양한 수학적 내용을 소개했다. 이야기는 허구이지만 이런 수학적 내용들은 사실이므로 독자들은 이야기의 중간에 소개되는 다양한 수학적 내용들을 즐길 수 있다. 그러나 이런 내용들이 너무 어렵다고 생각한다면 건너뛰며 글을 읽어도 큰 무리는 없을 것이다. 다만 저자는 독자들이 이 책을 읽음으로써 다양한 수학적 지식을 마치 소설처럼 이해하길 바라는 마음이다.

끝으로 이야기를 구성하는데 도움을 주신 주위의 여러분들과 좋은 책으로 만들어주신 교우사분들에게 감사를 드린다.

2014년 꽃 피는 봄에 가야산 밑에서

차 례

1

천사와 악마

1 천사와 악마

비단 10월뿐만 아니라 어느 계절이라도 우면산은 특별한 아름다움을 내세울 게 없는 그저 그런 산이다. 내장산의 가을처럼 울긋불긋한 단풍이 산 전체를 폭풍같이 몰아치지도 않고, 대둔산처럼 등산로가 사람들의 입에 오르내릴 만큼 그리 예쁘지도 않다. 물론 거기에는 우면산이 그런 산들만큼 높거나 크지 않은 이유도 있다. 우면산은 말하자면 동네에서 쉽게 볼 수 있는 산책하기 좋은 뒷산이라고나 할까?

유명하지도 않고 볼 것도 별로 없지만 그에게 우면산은 친구와도 같다. 그가 우면산을 그렇게 여기는 이유는 그의 집이 우면산 인근에 있어 쉽게 오갈 수 있을뿐더러 높지도 험하지도 않은 산의 아늑함과 포근함 때문이다. 그러나 가장 큰 이유는 그가 일이 잘 풀리지 않거나 지쳐 있을 때 우면산의 구석구석을 누비며 마음을 정리하고 생각을 가다듬기 때문이다.

그는 주로 우면산 동쪽 끝 부근에 있는 서초약수터에서부터 산에 오른다. 서초약수터 입구에는 우면산의 등산로를 그려 놓은 안내지도가 세워져 있다. 그는 오늘따라 이 지도를 한참 들여다보고 있다. 산으로 치면 비록 동네 뒷산 정도인 우면산이지만 등산로는 인터넷 정보망과 같이 거미줄처럼 엮여있다. 인터넷 정보망은 세계의 정보가 거미줄과 같이 연결되어 있다는 뜻으로 월드와이드웹(WorldWideWeb)이라고 한다. 등산로를 보며 월드와이드웹을 떠올리고 있는 자신을 보며 그는 피식 웃음을 지었다. 어쩔 수 없는 수학자의 본능이랄까.

산 모양이 마치 소가 누워 있는 것 같은 우면산은 높이가 300m가량으로 크게 힘드리지 않고도 정상에 오를 수 있기 때문에 인근에 살고 있는 사람들에게는 공원과도 같은 산이다. 평소 산에 자주 다니는 사람들은 산책하듯이 삼삼오오 짝을 지어 정담을 나누며 함께 오르기도 하고, 어떤 이는 무슨 고민에 빠진 듯 사색을 하며 심각한 얼굴을 하고 오르기도 한다. 또 어떤 이는 마치 태릉선수촌의 국가대표선수처럼 숨을 몰아쉬며 한달음에 오르기도 한다. 그만큼 가파르지 않고 오르기 쉽고 편한 산이다. 그는 대부분 혼자 산에 오르는데, 새로운 아이디어가 필요한 논문을 구상할 때 우면산에 오르며 종종 그 시작점을 찾곤 했다.

그는 우면산에 오를 때, 대개 산의 동쪽에 있는 경부고속도로 옆에서 시작하여 서쪽에 있는 사당역으로 이어지는 횡단 코스를 즐겨 이용한다. 이렇게 코스를 잡으면 2시간가량 소요되는데, 오늘은 집에서부터 등산할 시간을 정해놓고 출발했기 때문에 그 시간에 맞게 산행을 끝마치려면 등산로를 알맞게 선택해야 했다. 그래서 그는 입구에서 안내지도를 유심히 살폈다. 안내도를 살피며 그는 자신이 정해놓은 시간을 정확히 지킨다면 오늘 결정하는 일이 순조롭게 잘 풀릴 것이라고 스스로에게 최면을 걸고 있었다.

그의 집에서 서초약수터까지는 걸어서 정확히 21분이 걸렸다. 아니, 일부러 21분이 걸리도록 속도를 정확하게 맞추어 걸었다는 표현이 옳을 것이다. 안내지도를 확인한 그는 시계를 보더니 본격적으로 산에 오르기 시작했다. 매번 오르는 산이지만 그에게 오늘의 우면산은 모든 것이 새롭고 신선해 보였다. 그의 발걸음은 누가 봐도 흥겨운 리듬을 타는 듯 경쾌하게 산을 향하고 있었다. 마치 탭댄스라도 추는 것 같았다.

그도 그럴 것이 그가 오늘 내려야할 결정은 그뿐만 아니라 그의 주변에도 큰 영향을 줄 것이기 때문이었다. 빼앗겼던 칼자루를 되찾는 기분이랄까? 지금까지는 그가 상대방이 내민 칼끝을 피하기 위해 움직여야 했다면, 그가 결정을 내리는 순간부터는 입장이 바뀌어 상대방이 그의 칼끝에 따라 움직이게 될 것이다. 사실 그가 막판까지 결정을 내리지 않고 있었던 이유는 결정이 고민스러웠다기보다는 그런 기분을 조금이라도 더 느끼고 싶어서였는지도 모른다. 그리고 남이 내민 칼끝을 따라 움직여야 했던 그의 처지를 상대방에게 조금이라도 느껴보게 하고 싶기도 했다. 그러나 이제는 결정을 더 이상 미룰 수 없게 되었다. 그는 오늘 산에 오르며 그 결정을 내릴 요량이었기 때문에 일부러 시간까지 정해놓고 적당한 코스를 선택했던 것이다.

가장 완벽한 결정! 그가 바라는 것이 그것이었다.

서초약수터에서 약 70m쯤 올라가면 두 갈래 길이 나온다. 왼쪽으로 가면 서울시 인재개발원을 거쳐 돌아서 아카시쉼터까지 올라가는 길이고, 오른쪽으로 가면 바로 아카시쉼터로 가는 길이다. 그는 왼쪽으로 길을 잡았다. 오늘은 정상까지 빨리 올라가고 싶지 않았다. 아니, 그의 계획대로라면 빨리 올라가지 말아야 한다. 10월 말의 우면산은 별로 재미없는 산이지만 오늘 그의 눈에 들어오는 우면산은 가을의 한복판에서 있는 단풍 든 나무들로 채워진 아름다운 모습뿐이다.

왼쪽으로 인재개발원을 낀 낮은 능선을 타고 길을 걷다보면 아카시쉼터로 올라가는 계단이 나온다. 요즘같이 아침저녁으로 기온이 내려갈 때, 우면산과 청계산에서 쓰러진 나무로 만든 이 계단을 쉬지 않고 한꺼번에 오를라치면 숨은 턱을 차고 넘어와 몸속의 이산화탄소를 안개처럼 토해 놓는다. 하지만 오늘 그는 쉬엄쉬엄 즐거운 상상에 잠겨 계단을 올랐다.

아카시쉼터까지 올라온 그는 문득 자동차 소리가 사라졌다는 것을 알았다. 도시의 분주한 소음이 사라지고 딱따구리가 나무를 쪼는 소리와 이름 모를 새들의 노래 소리가 들리는 곳. 가을바람이 떨어지지 않으려는 나뭇잎을 잡아당기며 훑고 지나가는 소리. 이런 소리가 시작되어 도시에서도 산속에 있다는 느낌을 받을 수 있는 곳이 바로 아카시쉼터다.

아카시쉼터에서 5분쯤 더 올라가면 팥배나무가 작은 군락을 이룬 팥배쉼터가 나온다. 팥배나무는 높이가 보통 15m에 달하며 초여름인 5~6월에 가지 끝에 여러 개의 흰색 꽃이 핀다. 그리고 9~10월에 황적색으로 익는 열매는 시큼한 맛이 강하고 새들이 즐겨 먹는다. 그래서 팥배쉼터에서는 아카시쉼터에서보다 더 다양하고 많은 새소리를 들을 수 있다.

팔배쉼터에서는 새소리와 더불어 대성사에서 들려오는 스님의 독경소리를 들을 수 있다. 다른 날 같았으며 팔배쉼터에서 들리기 시작하는 대성사의 독경소리를 무시했을 그였지만 오늘은 달랐다. 멀어지는 듯 가까워지고, 낮은 듯 깊어지는 독경소리는 그에게 어떤 희망의 메시지를 전해주는 것 같았다. 그도 그럴 것이 그의 삶에서 요즘 같이 희망에 찬 날은 없었다.

시계를 본 그는 대성사에서 들리는 독경소리를 음악 삼아 리듬을 타며 걸음을 재촉했다. 팔배쉼터에서 우면산의 정상까지 가려면 예술바위와 태극쉼터를 지나야 한다. 예술바위와 태극쉼터는 20m도 떨어져 있지 않다. 태극쉼터까지 오르면 우면산은 거의 다 오른 셈이다. 여기서부터는 우면산의 낮은 능선을 타는데, 능선을 타고 약 100m쯤 더 가면 우면산의 깔딱고개로 불리는 마지막 힘든 구간이 나오지만 그에게 오늘은 이 구간도 그리 어렵지는 않게 느껴졌다.

우면산 정상에는 삶은 계란의 뾰족한 쪽을 위로 가게 하여 세운 모양의 소망탑이라는 이름의 돌탑이 있다. 소망탑에 오른 그는 시계를 봤다. 집에서 출발하여 우면산 입구까지 걸린 시간이 21분, 우면산 입구인 서초약수터에서부터 정상인 소망탑까지 걸린 시간이 34분. 모두 55분이 걸렸다. 그의 입가에는 웃음이 번졌다.

'지금까지는 계획대로 잘 왔군. 이제 내려가는 시간만 정확

히 맞추면 되겠다.'

소망탑에는 간절히 바라는 소원을 빌며 탑을 여러 바퀴 돌면 그 소원이 이루어진다는 속설이 있었다. 그래서 평소와는 다르게 그날은 그도 소망탑을 돌기로 했다. 물론 오늘 그가 소망탑을 돌며 생각한 소원은 모든 일이 우면산에 오르며 내린 자신의 결정대로 이루어지는 것이었다. 그는 오늘 내린 결정을 생각하며 소망탑을 3번 돌았다. 그가 3을 택한 이유 중 하나는 동양에서 3은 완전함을 나타내고자 할 때 사용되었던 수였기 때문이다. 그래서 그는 자신의 염원이 3번의 탑돌이로 완전해지리라고 생각했다.

예로부터 서양뿐만 아니라 우리나라에서도 숫자 3을 귀히 여겼다. 특히 중세 수철학자들은 1과 2를 수들의 부모로 여겼기 때문에 그 사이에서 처음으로 태어난 3은 최초의 수이자 가장 오래된 수라고 생각했었다. 1과 2를 부모로 하여 태어난 3은 자기보다 작은 수를 모두 더한 것과 같은 유일한 수이다. 그리고 자기를 포함하여 자기보다 작은 모든 수들을 합한 값이 자기를 포함하여 자기보다 작은 모든 수들을 곱한 값과 같은 유일한 수이기도 하다. 즉, $1+2+3=6=1\times2\times3$이다. 그래서 중세 수철학자들은 3이 완전성을 표현하고, 전체이고, 완벽한 모든 것의 원리이며, 시작과 중간과 끝을 갖는 모든 일을 가능하게 한다고 생각했다. 또한 3은 과거, 현재, 미래를 이끌어 내기 때문에 지혜와 예언을 구체화하기도 한다고 했다. 또 모든 지식은 3의 지배를 받으며, 예언과 선견지명의 힘을 가능케 한다고 생각했다. 그래서 그리스 신화에 나오는 예언의 신인 아폴론의 상징은 델포이의 무녀가 그 위에 앉아 신탁을 전하던 다리가 셋인 청동 제단이었다. 가톨릭에서는 3을 '성부, 성자, 성신'으로 나타내기도 한다.

오늘 그가 소망탑을 3번 돈 이유는 미신적이었던 중세 수철학자들의 생각에 따른 3의 속성 때문이었다. 첨단 과학의 시대에 살고 있는 그였지만 오늘은 어쩐지 중세 수철학자들의 생각에 따라야 마음이 편할 것 같았다.

우면산 정상에서 북쪽 아래를 내려다보면 왼쪽으로는 국립국악원이 보이고, 오른쪽으로는 예술의 전당이 보인다. 특히 예술의 전당 오페라하우스의 지붕은 조선시대 양반이 쓰던 갓 모양을 하고 있다. 갓은 조선시대 양반들이 머리에 쓰던 입자(笠子)인데, 일반적으로 흑립(黑笠)을 갓이라고 한다. 갓은 시대에 따라 모자의 높이와 양태(涼太)의 넓이가 변했다. 갓양태는 갓의 차양으로 둥글고 넓적한 바닥을 말한다.

그는 오페라하우스를 볼 때마다마다 갓 모양을 하고 있는 지붕의 높이와 양태의 비율이 수학적으로는 아름답지 않다고 생각하곤 했다. 사실 오페라하우스 지붕의 갓의 모자와 양태는 우면산 정상에서 봐야 제대로 보인다. 하지만 산을 내려와 오페라하우스 앞에서 지붕을 보면 갓의 모자가 보이고, 우면산에서 보이던 갓양태는 보이지 않고 대신 오페라하우스의 지붕이 양태처럼 보인다. 그래서 전체적으로 양태가 아주 넓은 갓으로 보인다. 오페라하우스를 보는 사람들은 지붕의 정확한 모양을 보기 위해 우면산 정상에 오르지는 않을 것이다.

그렇다면 오페라하우스 앞에서 보았을 때, 균형 잡힌 갓으로 보여야 하지 않을까? 그는 오페라하우스를 지은 건축가가 아니기 때문에 그렇게 지은 이유를 자세히 알 수는 없었다. 하지만, 수학적으로 오페라하우스의 지붕은 균형 잡히지 않은 것이었다. 늘 그것을 괴이쩍게 여기고 있었지만 그것이 오늘 그의 눈에는 평소와는 다르게 그럴 수도 있다는 너그러운 마음으로 들어왔다.

예술의 전당을 내려다보던 그는 문득 시계를 보고 산을 내려갈 채비를 서둘렀다. 그가 택한 하산로는 덕우암 약수터 그리고 유점사 약수터를 지나 국립국악원으로 가는 길이었다. 우면산을 오르기 전에 이미 정상에 오르는 길과 내려갈 길을 염두에 두고 있었기 때문에 내려가는 길을 특별히 다시 고민할 필요는 없었다. 그저 소망탑에서 국립국악원을 지나 예술의 전당 앞에 있는 마을버스 정거장까지 정확히 34분이 걸릴 수 있도록 속도만 조절하면 되었다. 그가 택한 길로 내려가면 34분을 정확하게 맞출 수 있다. 시간도 시간이지만 그가 이 길을 택한 또 다른 이유는 이 코스에 그가 좋아하는 구간이 두 곳이나 있기 때문이기도 했다.

그는 아카시쉼터로 올라올 때 지났던 계단과 마찬가지 나무로 만들어진 계단을 타고 내려와서 왼쪽으로 방향을 틀어 덕우암 약수터로 향했다.

그가 좋아하는 첫 번째 구간은 낙엽송이 많아서 우면산의 다른 곳보다 가을을 더 많이 느낄 수 있고, 덕우암 약수터로 향하는 34개의 계단이 마치 고운 한복의 치맛자락처럼 멋들어지고 우아하게 굽어있는 곳이다. 우면산과 청계산에서 얻어진 나무로 만든 계단의 개수를 세며 능선을 넘으면 그는 자기도 모르게 마음이 안정되고 기분이 상쾌해지곤 한다. 이것은 아마도 그가 수학자이기 때문일 것이다.

그가 좋아하는 두 번째 구간은 유점사 약수터에서 국립국악원으로 내려가는 계단이 있는 곳이다. 유점사 약수터를 거쳐 내려가는 길은 우면산 둘레 길로 이어져 있는데, 약수터에서 그 둘레 길까지 이어진 길에 모두 377개의 계단이 설치되어 있다. 그리고 그 계단을 모두 밟은 후에 오솔길을 이용하여 둘레 길로 빠질 수 있다. 바로 그 계단의 개수가 오늘 그를 이 길로 오게끔 만든 것이다. 그는 377이라는 수를 되 뇌이며 약수터를 출발하려고 했다.

평상시 같았으면 유점사 약수터를 무심히 지나쳤을 그였지만, 오늘은 내려가는 속도를 조절하기 위하여 잠깐 약수를 마시고 가기로 했다. 그런데 약수터에는 환갑이 약간 넘은 것 같은 노인이 물을 받고 있었다. 산에 가지고 오기에는 약간 크다싶은 20리터 가량 되는 물통을 가지고 온 노인은 물을 마시기 위해 약수터에 비치되어 있는 바가지를 들고 있는 그를 흘깃 보더니 말없이 자신의 물통만을 응시하고 있었다. 그는 순간 그냥 내려갈 것인지 아니면 기다렸다 물을 마시고 갈 것인지 고민에 빠졌다. 시간이 문제였다.

그는 시계를 보았다. 계획했던 시간보다 2분 정도 지났지만 내려갈 때 속도를 좀 높이면 시간을 맞추는 것은 충분했다. 하지만 노인의 물통이 차려면 아직도 멀었다. 물통을 하염없이 바라보던 그가 결국 약수 마시기를 포기하고 바가지를 내려놓고 약수터를 막 출발하려고 하자 노인은 미안했던지, 그에게 물을 마시라며 데면데면하게 자리를 비켜주었다. 그는 얼른 약수 한 바가지를 받아 시원하게 들이켰다. 그러자 한순간 머리가 깨지는 듯 띵하고 눈앞이 캄캄해졌다. 하지만 목젖을 타고 내려가는 차가운 약수는 그 동안 굳게 닫혀있던 창을 활짝 열어 깨끗한 공기를 방안 가득 불러들이듯이 시원하게 느껴졌다.

서둘러 내려오는 동안 10월 말의 우면산은 기차를 탄 풍경과도 같이 그를 밀치며 뒤로 넘어갔다. 그는 어느새 국립국악원까지 왔다. 국악원 마당에는 일반인들이 언제나 연주할 수 있도록 징, 장고, 꽹과리가 비치되어 있으며, 팽이, 줄넘기, 투호도 있다. 그래서 그곳은 소풍온 유치원 아이들이 가장 소란스럽게 노는 곳이기도 하다. 가끔 그는 그곳에 있는 자판기에서 커피를 뽑아 아이들이 즐겁게 노는 모습을 보며 숨을 돌린 후 버스 정류장으로 향하곤 했었다.

하지만 오늘은 정해 놓은 시간과 약수터 노인 때문에 그럴 여유가 없었다. 그는 초조한 마음으로 부지런히 걸어 예술의 전당 앞에 있는 마을버스 정류장에 도착했다. 그는 깊은 숨을 몰아쉬고 시계를 보았다. 35분. 소망탑에서 이곳까지 35분이 걸렸다. 그가 원했던 시간은 34분이었다. 1분이 빗나갔다.

'이런. 이게 다 그 약수터 노인 때문이야.'

그는 집에서 등산로 입구까지 21분, 그곳에서 소망탑까지

34분, 다시 소망탑에서 마을버스 정류장까지 34분, 그래서 정확하게 89분 만에 등산을 끝내고 싶었다. 그리고 집을 나설 때부터 그 시간을 염두하고 시간에 따라 정확하게 행동했다. 하지만 무뚝뚝했던 약수터 노인 때문에 아쉽게도 1분이 빗나갔다. 그러나 그는 오늘 산을 오르내리며 내린 결정이 빗나가지 않을 것이라고 생각했다. 아니. 그렇게 되어야만 했다.

마을버스를 타고 집에 오는 동안 그는 마상진과의 통화를 떠올리며 그 동안의 일을 잠깐 생각했다. 한국수학총회 회장에 출마하려는 마상진에게 그의 도움은 절실했다. 마상진을 믿지 않는 그이지만 마상진의 제안은 갈바람에 흔들리는 억새와 같이 그의 마음을 흔들고 있었다. 그가 오늘 우면산에 다녀온 주된 이유는 바로 마상진의 제안 때문이었다.

얼마 전까지만 해도 마상진은 다른 사람들에게 그를 상대할 가치가 없는 사람이라고 떠벌이고 다녔다. 그는 마상진처럼 다른 사람들에게 마상진에 대한 평가를 하지는 않았지만 마음 깊숙한 곳에서는 마상진이 떠벌이고 다니는 것 이상으로 마상진을 그렇게 생각하고 있었다. 마상진은 그를 평가절하 하는 동시에 음으로 양으로 그를 어려움에 처하게 했었다.

하지만 마상진이 한국수학총회 회장에 출마하기로 하면서 마상진에게 그는 놓쳐서는 안 될 사람이 되었다. 그래서 마상진은 갑자기 그에게 겨누고 있던 칼을 거두어들이고 있었다. 마상진은 칼을 거둘 뿐만 아니라 그에게 날개를 달아주겠다고 제안한 것이다. 강산대학교 수학과 교수인 그는 인근에 있는 5개 대학교 수학과 교수들과 매우 두터운 친분을 맺고 있었다. 그리고 마상진은 한국수학총회 회장에 당선되기 위해 두터운 그의 친분이 필요했다. 두터운 그의 친분이 마상진에게 30표를 줄 수도, 그 반대가 될 수도 있었다. 이번 한국수학총회 회장 선거에서 그의 30표는 마상진의 당락에 영향을 미칠 만큼 중요했다. 그러나 그는 지금까지의 마상진을 봐서 그 제안을 수용할지 어떨지 결정하기 쉽지 않았다.

마상진은 상대하기 쉬운 사람이 아니었다. 마상진은 자신이 뱉은 말도 불리해지면 다른 사람이 한 말이라고 우기는 사람이었다. 물론 이익이된다면 남의 말도 자신이 한 것이라고 주장하는 사람이었다. 그런 마상진에게 그는 이미 깊은 상처를 입고 있었다. 하지만 그는 마상진과의 지루한 악연을 이번 일을 기회로 끊고 싶었다. 무엇보다도 마상진의 제안은 마상진에 대한 그의 판단을 부드럽게 만들고 있었다.

그는 28살에 박사학위를 받자마자 강산대학교 수학과 교수가 됐다. 강산대학에서 근무한지 15년째인 올해에도 그는 뛰어난 연구 실적의 교수에게 수여하는 우수연구자 상을 수상했다. 그는 이 상을 이미 여러 번 받았기 때문에 이제 그에게 이 상은 더 이상 특별하지는 않았다.

그가 강산대학교에서 주는 상만 받은 것은 아니었다. 한국수학총회에서 젊은 수학자에게 수여하는 상도 수상했다. 이 상은 세계적으로 유명한 수학 상인 필즈상과 비슷하게 젊은 수학자에게만 수여되는데, 자신의 분야에서 국제적으로 뛰어난 연구 성과를 얻은 국내 수학자에게 수여한다. 그래서 이상을 수상한 사람들은 대부분 우리나라의 주요 대학에서 스카우트를 하지만 그에게 그런 기회는 오지 않았다.

아니, 그에게 기회가 오지 않은 것이 아니라 몇 번의 기회가 있었지만 마상진의 개입으로 번번이 일이 틀어졌다. 처음에 그는 그런 사실을 전혀 알지 못했다. 하지만 시간이 지난 후에 마상진이 배후에 있었음을 다른 사람들을 통하여 알게 되었다. 그러니 그가 마상진에게 좋은 감정을 가지고 있을리가 없었다.

비록 마상진의 개입으로 일이 번번이 어그러졌지만 그는 언젠가는 강산대학교를 떠나 소위 말하는 메이저 대학으로 옮기려는 생각을 항상 갖고 있었다. 사실 강산대학교는 지방에 있는 작은 대학교이기 때문에 대학원학생이 없었다. 그래서 거의 모든 연구는 혼자 진행할 수밖에 없는데, 함께 연구하는 대학원학생이 없다는 것은 연구가 더디게 진행된다는 것을 말한다. 또한 강산대학교가 큰 대학이 아니기 때문에 교수들에게 해 주는 연구지원도 신통치 않았다. 이런 열악한 조건에서 그가 한국수학총회에서 수여하는 상을 받았다는 것은 대단한 일이었다. 그리고 그것은 또한 그의 실력이 출중함을 반증하는 것이기도 했다.

그는 항상 자신의 분야에서 최고가 되고 싶어 했고, 사실 충분히 그럴 능력을 갖추고 있었다. 그렇기 때문에 가장 먼저 해야 할 것이 바로 학교를 옮기는 것이라고 그는 늘 생각했다. 그는 마상진의 제안으로 자신의 그런 생각을 실천에 옮길 기회가 다시 온 것이라고 생각했다. 하지만 그는 망설였다.

상대가 바로 마상진이기 때문이다.

'과연 그를 믿어도 될까?'

그에게 오늘 산행은 장미꽃잎을 한 장씩 따내며 사랑한다, 사랑하지 않는다를 점치는 것과 같았다. 그래서 그가 처음부터 정했던 시간을 정확히 지켰다면 마상진의 제안을 흔쾌히 받아들이고자 했으나 자신이 원했던 89분을 맞추지 못했다. 그러나 그건 중요하지 않았다. 그의 마음은 이미 산에 오르기 전부터 정해져 있었다. 다만 그런 결정을 마상진에게 전하기 위한 마음의 준비가 필요했던 것이다. 그리고 10월 말의 우면산은 그가 마음의 준비를 할 수 있도록 해 주었다.

그가 탄 마을버스의 기사는 그의 결심을 확인이라고 하듯이 힘차게 가속페달을 밟아 버스를 출발시켰다.

다음 날 아침, 그는 일찍부터 서둘러 출근 준비를 했다. 그가 보통 집에서 출발하는 시간은 7시 30분이었지만 오늘은 한 시간이나 빨리 집을 나섰다. 학교에 도착하면 바로 상쾌한 기분으로 마상진에게 전화를 걸 요량이었다.

10월 말 새벽. 서해안 고속도로는 시원하게 뚫렸다. 그의 집에서 강산대학교로 가기 위해서는 서해안 고속도로를 달려야 한다. 우리나라의 어느 곳을 가도 볼 수 있는 풍경은 높고 낮은 산이다. 이름이 서해안 고속도로라서 해안을 따라 달릴 것 같지만 서해안 고속도로를 달릴 때도 그런 풍경은 마찬가지이다. 봄이면 진달래를 비롯한 온갖 봄꽃이 겨울을 녹이고, 여름이면 녹음이 온 산을 덮어 푸르고, 가을에는 저 멀리 늘

어선 은행나무의 노란색과 산 주변의 붉은 색이 잘 어우러지는 단풍이 그 풍치를 자랑한다. 물론 겨울에는 온 산이 마치 떡가루를 엎어 놓은 듯 흰 눈으로 덮인다. 특히 온 산이 하얗게 되었을 때 고속도로를 달리면 주변은 온통 하얀데, 고속도로만 저 멀리까지 까맣게 선을 그어 놓았기 때문에 스스로가 점이 되어 직선 위를 달리는 듯한 기하학적 착각에 빠지기도 한다.

그는 이런 서해안 고속도로를 벌써 15년째 달리고 있었다. 늘 달리는 고속도로건만 10월에는 겨울보다 더 조심해야 한다. 왜냐하면 서해안 고속도로는 늦가을에 안개가 끼는 구간이 많기 때문이다. 안개지역을 지날 때면 그는 이따금 마치 구름 속을 날아가는 것 같은 느낌이 들곤 한다. 그래서 그는 늘 10월 말의 서해안 고속도로를 긴장하며 달린다.

서해안 고속도로의 가장 위험한 구간은 서해대교이다. 늘 건너다니는 서해대교지만 그에게는 항상 새로운 모습과 느낌으로 다가온다. 에르헤스의 작품인 '천사와 악마' 같은 존재라고나 할까? 에르헤스는 에셔라고도 한다. 그의 작품인 '천사와 악마'는 원래 지름이 235mm인 둥근 나무 구에 천사와 악마가 공존하고 있는 모양을 조각한 1942년도 작품이다. 에르헤스는 1960년에 이 작품을 토대로 원 모양의 목판화 '천사와 악마'를 제작했다.

목판으로 제작된 '천사와 악마'를 정확하게 이해하기 위해서는 비유클리드 기하학, 그 중에서도 프랑스의 수학자 푸앵카레가 만든 우주 모델을 이해해야 한다. 푸앵카레는 우주를 중심의 온도가 가장 높으며, 중심에서 멀어질수록 온도는 내려가다가 경계에서는 절대영도가 되는 구라고 했다. 3차원 공간에서 우주는 구가 되겠지만 원으로 축소하면 좀 간단해 진다.

푸앵카레가 생각한 세계에 존재하는 모든 것은 어디에 있어도 온도의 변화를 느끼지 못하며 이동함에 따라 모든 것들의 크기가 함께 변한다. 즉, 사물이든 사람이든 또는 동물이든 중심으로 다가가면 온도는 올라가며 크기가 팽창하고, 경계에 가까우면 가까울수록 경계와의 거리에 비례하여 온도는 내려가며 크기가 수축한다. 하지만 모든 것이 같이 변하기 때문에 그 세계에 사는 사람들은 이런 변화를 느끼지 못한다. 이 세계에 사는 사람이 경계에 도달하기 위하여 열심히 걸어가는 경우, 그의 크기가 작아지므로 다리도 짧아져서 보폭이 작아진다. 그래서 그는 아무리 열심히 걸어도 절대로 이 세계의 경계에 도달할 수 없다. 결국 이 세계의 경계에 도달할 수 없는 그 사람은 자신이 사는 세계는 무한하다고 생각한다.

이 세계에서 더욱 흥미로운 것은 두 점 사이의 최단거리가 곡선이라는 것이다. 왜냐하면 어떤 사람이 한 점에서 출발하여 다른 점에 도달하려면 중심을 향하는 호를 따라서 가는 것이 발걸음의 수를 줄일 수 있기 때문이다. 즉, 원의 중심부근을 지날수록 사람이 커지고, 사람이 커질수록 다리가 길어져 발걸음의 수가 줄어든다. 그래서 이 세계에서 삼각형을 그리면 우리가 알고 있는 세 변이 직선인 도형이 아니고 변이 원심을 향해 휘어져있는 원호인 삼각형이 된다. 일부 학자들은 우리가 푸앵카레의 우주에 살고 있을 가능성도 있다고 주장한다. 실제로 아인슈타인의 상대성 이론에 따르면 자의 길이는 광속에 다가갈수록 짧아진다고 한다.

푸앵카레의 우주 모델을 바탕으로 제작된 예술 작품이 바로 에르헤스의 목판화 '천사와 악마'인 것이다. 사실 에스헤르는 수학과 관련된 작품으로 1958년부터 1960년까지 푸앵카레의 우주모델을 주제로 한 목판화 작품 4개를 만들었는데, 그 가운데 하나가 지름이 416mm인 원에 흰색과 검은색만을 사용한 '천사와 악마'이다. '천사와 악마'의 흰색 부분은 천사이고, 검은색 부분은 악마인데 천사와 악마가 한 몸이 되어 서로 얽혀 있고, 가운데 부분에 있는 천사와 악마가 가장 크며 원의 중심에서 원의 둘레 쪽으로 갈수록 천사와 악마는 점점 작아진다. 이런 구도가 바로 푸앵카레의 우주모델을 그대로 적용한 결과이다.

〈천사와 악마〉

그는 서해대교가 바로 '천사와 악마'라고 생각했다. 왜냐하면 겉으로 보기에 서해대교는 무척 아름다운 다리이지만 10

월 말과 11월 초의 서해대교는 안개 때문에 사고가 많이 발생한다. 그래서 매년 10월 말과 11월 초 각 언론사의 뉴스에서 서해대교의 안개로 인한 사고 소식을 듣는 것은 다반사이다. 오늘 아침의 서해대교는 천사와 악마가 함께 아침식사를 하는 것 같은 느낌이다.

서해대교는 고속도로 주변의 산과 같이 계절에 따라 변화무쌍한 모습을 보여준다. 늘 거기에 한결같은 모습으로 서 있지만 계절과 날씨에 따라 다리가 가지고 있는 분위기는 항상 그를 압도한다.

서해대교의 여러 가지 얼굴 중 그는 10월 말인 지금의 모습을 가장 좋아한다. 아침에 서울에서 출발하여 서해대교를 건널 때면 다리는 엷은 안개에 쌓여있다. 다리 전체가 안개에 싸여 있을 때도 있지만, 안개는 대부분 사장교 부분만을 안고 있다. 멀리서 보면 마치 바다에서 용이 승천하는 것과 같은 착각에 빠질 때가 많이 있다. 그래서 안개 낀 서해대교는 무척 아름답다. 이럴 때 서해대교는 천사와 같다. 그러나 이런 안개 때문에 30중 추돌사고라는 큰 교통사고가 나기도 했다. 이런 경우 서해대교는 악마다.

오늘 아침에도 그는 예외 없이 라디오에서 흘러나오는 음악을 흥얼거리며 그 서해대교를 건너고 있었다. 그가 고속도로 톨게이트를 빠져나온 시간은 정확히 7시 55분이었다.

'너무 빨리 달렸네.'

하지만 그는 55라는 수가 마음에 들었다.

2

신성한 비율

2 신성한 비율

10월 말. 그의 연구실은 추운 겨울에 반팔만 입고 냉장고를 열었을 때와 같다. 난방은 11월말이나 되어야 시작되기 때문에 10월 말과 11월의 연구실은 춥다. 그의 연구실 창은 남쪽으로 나 있었다. 창문은 한쪽 벽을 거의 차지할 만큼 크게 나 있었는데, 가로의 길이가 240cm이고 세로가 150cm로 정확하게 8:5의 비율이었다. 수학자의 본성이랄까? 남들은 창 너머로 경치를 보지만 그는 8:5 비율의 창문틀만 바라보아도 마음이 흐뭇해지는 느낌이었다. 그런 그는 가끔 자신이 모든 것을 수학적으로만 바라보기 때문에 정신 이상이 될 수도 있겠다는 생각을 하며 헛웃음을 웃기도 한다.

창문으로 들어오는 햇살은 10월 말 연구실의 차가운 기운을 안간힘을 쓰며 몰아내고 있었다. 그는 연구실에 들어오자마자 가장 먼저 전기난로의 코드를 꼽고 스위치를 켰다. 전기난로의 코일이 서서히 달궈지면서 그곳에 붙어 있던 먼지 타는 냄새가 메케하게 올라왔다. 하지만 그는 창문을 열어 환기할 틈도 없이 수화기를 들고 마상진에게 전화를 걸었다.

전화기너머에서는 아직 잠에서 덜 깬 중년 남자의 목소리가 들려왔다. 그는 전화기 속의 중년남자에게 단도직입적으로 말했다.

"마 선배님께서 약속만 지켜주신다면 적극적으로 돕겠습

니다."

그러자 마상진의 오롯한 목소리가 들렸다.

"그래! 여부가 있나. 잘 생각했어. 지금까지는 내가 신교수에 대해 잘못 생각해서 일이 번번이 어그러졌지만 이번 일이 잘되면 내가 꼭 자네를 우리 한국대학교 수학과 교수로 초빙하겠네. 약속함세."

"꼭 약속을 지키십시오."

"걱정 말게나. 어째든 이제 한시름 놓았네. 그쪽을 잘 부탁하네."

전화를 끊은 그는 어제 우면산에서 내린 결정이 잘된 것이라는 생각으로 희색이 만면하여 오전에 있을 수학사 강의를 준비하기 시작했다. 오늘의 강의 주제는 피보나치수열이다. 수학사를 수강하는 학생은 모두 34명인데, 34명 가운데 13명만이 수학과 학생이고, 나머지 21명은 다른 학과의 학생들이었다. 수학사가 수학과 학생들의 전공과목인데도 불구하고 수학과 학생들이 이렇게 적은 데에는 이유가 있었다. 사실 요즘 대부분의 지방대에서 수험생들에게 인기가 없다는 이유로 수학과를 폐과시키는 경우가 속속 나오고 있었다. 폐과가 아니라며 대학 측에서 경영의 어려움을 내세워 점점 입학정원을 축소해가고 있었고, 강산대학교도 예외는 아니었다.

앞으로 수학과가 얼마나 더 버틸 수 있을지는 아무도 장담할 수 없는 일이 되었다. 몇 년 전까지만 해도 수험생이 많아서 대학가기 힘들다고 아우성이었는데, 지금은 대학에 들어올

학생이 적어지면서 단지 인기가 없다는 이유 하나만으로 반드시 배워야할 중요한 과목이 폐강되고, 꼭 있어야할 학과가 사라지고 있다. 이런 이유로 강산대학교에서 가장 먼저 없어진 학과는 물리학과였다. 물리학과는 이미 재작년에 폐과가 되었으니, 다음 차례는 수학과라는 소문은 학교 안에서 이미 공공연한 사실처럼 되어가고 있었다. 이런 상황도 그가 자신의 모교인 한국대학교로 옮기기를 갈망하는 이유 중에 하나다. 한국대학교는 우리나라에서 몇 손가락 안에 드는 매우 우수한 학교였다. 그래서 한국대학교 수학과에는 뛰어난 젊은 수학자들이 많이 있다. 그곳에서 그들과 자신이 좋아하는 수학을 마음껏 연구하는 것이 그의 꿈이었다.

강산대학교 수학과가 처음부터 형편이 나빴던 것은 아니었다. 하지만 수험생 수가 점점 감소하자 처음에 40명이었던 입학정원은 점점 줄어 이제는 20명이 되었다. 수학을 어렵게 생각하기 때문에 수험생들이 지원을 하지 않을 것이라는 대학측의 판단은 처음에 40명이었던 입학 정원을 몇 년 전에 25명까지 줄였다. 그 이후에 대학 측에서는 학과를 바꾸던지 입학정원을 더 축소하던지 둘 중 한 가지를 선택하라고 학과에 요구했다. 학과 교수들은 여러 번에 걸친 회의 끝에 올해 입학정원을 20명으로 줄이는 대신 수학과 그대로 남기로 결정했다. 그래서 전공 강의는 군대에 가거나 휴학하는 학생들이 있기 때문에 복학생까지 합하여 10명에서 15명 정도가 수강신청을 하고 있다. 그나마 수학사는 다른 학과 학생들이 교양과목처럼 신청하여 34명이 된 것이다.

비록 적은 수의 학생이지만 그의 강의는 열의가 흘러 넘쳤다. 그래서 그는 강의 평가를 거의 매번 가장 좋은 등급을 받고 있었다.

"13세기 초, 이탈리아의 수학자 레오나르도 피보나치가 쓴 〈산반서〉라는 책의 12장에는 흥미로운 문제가 있습니다. 1870년대 프랑스의 수학자 루카스는 이 문제에 나타나는 수열을 피보나치수열이라고 이름 지었는데, 오늘날 이 수열은 자연계에서 뿐만 아니라, 과학과 건축 그리고 예술에 이르기까지 아름답거나 질서정연한 어떤 형식이 있는 곳이면 빠지지 않고 등장하고 있습니다.

피보나치수열은 워낙 넓은 범위에 퍼져 있기 때문에 소개해야 할 것이 너무 많습니다. 그래서 이번 강의에서는 이 수열의 유래와 정의만을 소개하겠습니다. 그리고 시간이 허락된다면 다음 시간에 피보나치수열이 나타나는 여러 가지 것들에 대하여 알아보도록 하겠습니다."

그는 잠깐 숨을 돌리기도 하고 인원도 점검할 겸 강의실안의 학생들을 살펴보았다. 수강하는 학생이 많으면 결석한 학생이 표시가 나지 않겠지만 학생 수가 적다보니 한번만 둘러보아도 누가 결석했는지 알 수 있었다. 오늘 강의시간에는 결석한 학생이 없었다.

"〈산반서〉에 소개된 피보나치수열에 관한 문제는 다음과 같습니다.

「어떤 사람이 토끼 1쌍을 우리에 넣었다. 이 토끼 1쌍은 한 달에 새로운 토끼 1쌍을 낳고, 낳은 토끼들도 1달이 지나면 다시 1쌍의 토끼를 낳는다. 그렇다면 1년이 지나면 우리 안에는 몇 쌍의 토끼가 있을까?」

과연 1년이 지나면 우리 안에는 몇 쌍의 토끼가 있을까요?"

그러자 맨 앞줄에 앉아 있던 한 여학생이 대답했다.

"교수님. 피보나치수열은 많이 들어봤지만 그렇게 질문하시니까 잘 모르겠는데요."

"그럼 한 번 살펴볼까요."

그는 칠판에 토끼의 그림을 그려가며 설명을 시작했다.

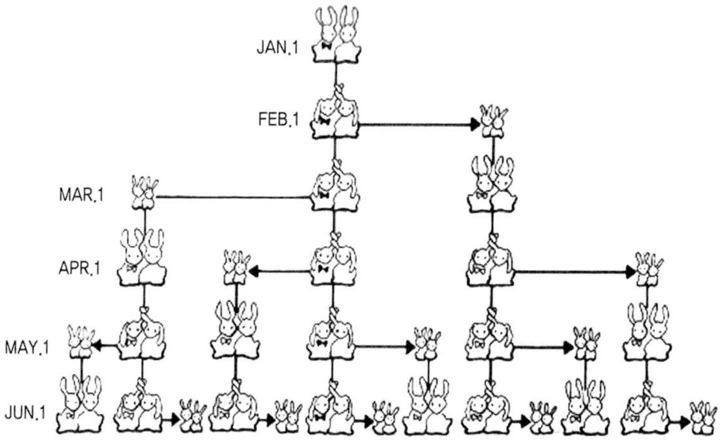

〈피보나치수열〉

"첫째 달에 우리 안에는 1쌍의 토끼가 있고, 두 번째 달에는 이 토끼 1쌍이 새끼 1쌍을 낳게 되므로 토끼는 모두 2쌍이 있습니다. 세 번째 달, 맨 처음 있던 토끼 1쌍은 다시 새로운 새끼 토끼 1쌍을 낳고, 두 번째 달에 낳았던 토끼 1쌍은 자라서 성체토끼가 됩니다. 결국 우리 안에는 모두 3쌍의 토끼가 있게 됩니다. 자. 그럼 다음 달에는 어떻게 될까요?"

그 여학생이 다시 대답했다.

"네 번째 달에는 첫 번째 달에 있던 1쌍과 이 1쌍이 낳은 새끼 1쌍, 두 번째 달에 낳은 1쌍과 이 1쌍이 낳은 1쌍, 그리고 세 번째 달에 낳았던 새끼 1쌍이 성체가 되므로 모두 5쌍의 토끼가 있네요."

"그렇습니다. 네 번째 달에 우리 안에는 모두 5쌍의 토끼가 있습니다. 이와 같은 방법으로 토끼가 번식하면 다섯 번째 달에는 8쌍이, 여섯 번째 달에는 13쌍의 토끼가 우리에 있게 됩니다."

그는 여섯 번째 달에 우리에 있게 될 토끼 13쌍을 칠판에 열심히 그렸다. 토끼 13쌍을 모두 그린 그는 다시 설명하기 시작했다.

"곧 다루기 힘들 정도로 늘어나겠지만, 이와 같은 방법으로 계속 그려나갈 수 있습니다. 그런데 매달 토끼 쌍의 수를 조사하면 일정한 패턴이 있음을 알 수 있습니다. 그림에 있는 토끼의 쌍을 차례로 쓰면 1, 2, 3, 5, 8, 13입니다. 만일 앞에 0과 1을 첨가하여 다시 쓰면 0, 1, 1, 2, 3, 5, 8, 13이 됩니다. 그리고 이 수들은 앞의 두 수를 더하면 그 다음 수가 됨을 알 수 있습니다.

따라서 그림을 그리지 않고도 일곱 번째 달에는 8+13=21쌍이 되고, 여덟 번째 달에는 13+21=34쌍이 된다는 것을 알 수 있습니다. 계속해서 아홉 번째 달은 21+34=55, 열 번째 달에는 34+55=89, 열한 번째 달에는 55+89=144, 마지막으로 열두 번째 달에는 89+144=233입니다. 결국 1년이 되면 우리 안에는 모두 233쌍의 토끼가 있게 됩니다. 여기서 나온 수를 차례로 늘어놓으면 1, 1, 2, 3, 5, 8, 13, 21, 34, 55, 89, 144, 233이 되는데, 이렇게 얻은 이 수열을 피보나치수열이라고 하고, 이 수열에 나타난 각각의 수를 피보나치 수라고 합니다."

그는 칠판에 그려진 토끼 그림을 모두 지우고 $F_{n+2}=F_{n+1}+F_n$이라고 썼다.

"피보나치수열만을 전문적으로 다루는 피보나치학회에서 공식적으로 인정한 피보나치수열의 일반항에 대한 표현은 피보나치(Fibonacci)의 앞 글자를 따서 F_n으로 나타냅니다. 17세기에 대수학의 기호가 발전하면서 수학자들은 이 수열을 공식으로 만들었습니다. 즉, $n+2$번째 항의 피보나치 수는 $n+1$번째와 n번째 피보나치 수의 합과 같습니다. 그런데 여기에 흥미로운 수학이 또 숨어 있습니다. 이 수열에서 $n+1$번째 피보나치 수를 n번째 피보나치 수로 나누면 어떻게 될까요?"

여기까지 설명한 그는 처음 몇 항의 피보나치수열을 칠판에 썼다.

1, 1, 2, 3, 5, 8, 13, 21, 34, 55, 89, 144, 233

그의 전공은 바로 이 피보나치수열이다. 그래서 그는 피보나치수열을 쓸 때마다 가슴이 벅차오르는 희열 같은 것을 느끼곤 하는데, 오늘도 예외는 아니어서 가슴이 쿵쾅거리고 목소리가 떨려왔다. 그의 떨림과 열정은 강의를 듣고 있는 학생들도 느끼는 듯 강의에 열중하고 있었다.

"좀 더 쉽게 설명하자면 이렇습니다. 예를 들어 뒤의 항을 바로 앞의 항으로 나누어 봅시다."

그는 칠판에 몇 개의 나눗셈을 차례로 썼다.

$3 \div 2 = 1.5$

$5 \div 3 = 1.666 \cdots = 1.\dot{6}$

$8 \div 5 = 1.6$

$13 \div 8 = 1.625$

$21 \div 13 = 1.6153846153846 \cdots = 1.\dot{6}15384\dot{6}$

$34 \div 21 = 1.619047619047 \cdots = 1.\dot{6}1904\dot{7}$

여기까지 쓰자 아까 그 여학생이 손을 들었다.

"교수님. 소수 위에 점을 찍은 것은 순환소수를 표시한 것인가요?"

"그렇습니다. 이것은 순환소수를 표시한 것입니다. 예를 들어 34를 21로 나누면 1.619047619047…이고, 이 소수에서 소수점 아래에 나타나는 수들을 살펴보면 619047이 무한히 반복됩니다. 이와 같이 어떤 수들이 무한히 반복된다는 뜻으로 반복되는 구간의 첫 수와 마지막 수 위에 점을 찍는 것입니다."

남주희. 그가 이 여학생을 처음 본 것은 재작년 1학년 과목인 미적분학 시간이었다. 그녀는 수학과 학생이 아니지만 그의 열렬한 팬이다. 생명과학과에 입학한 이 여학생은 신입생이었을 때 자연계열 신입생의 교양필수과목인 미적분학 강좌를 수강했다. 그는 바로 그 과목을 강의했었다. 한학기 동안 그의 강의를 듣고 난 이후에 남주희는 수학이라는 분야에 푹 빠지고 말았다. 남주희는 그에게 몇 번의 면담을 요청했고, 그때마다 그는 친절하게 면담에 응했다. 결국 남주희는 수학을 복수전공하기로 했고, 그 첫 번째 수강 과목으로 그의 수학사를 수강했던 것이다.

"어떻습니까? 뒤에 있는 수를 바로 앞의 수로 나눈 결과는 점점 약 1.618에 가까워집니다. 예를 들어 7번째 수 13을 6번째 수 8로 나누면 1.625이지만 13번째 수 233을 12번째 수 144로 나누면 $233 \div 144 = 1.6180555\cdots = 1.6180\dot{5}$입니다. 또 14번째 피보나치 수 377을 13번째 피보나치 수 233으로 나누면 그 결과는 1.618에 더 가깝습니다. 실제로 $n+1$번째 피보나치 수를 n번째 피보나치 수로 나눈 결과는 n이 크면 클수록 점점 $\Phi = \frac{1+\sqrt{5}}{2}$와 가까워집니다. 즉, 인접한 두 개의 피보나치 수에 대한 비율 $F_{n+1} : F_n$의 비의 값은 $\frac{F_{n+1}}{F_n}$이고, 분수 $\frac{F_{n+1}}{F_n}$은 무리수 $\frac{1+\sqrt{5}}{2}$에 점점 가까워지는 것입니다.

레오나르도 피보나치보다 적어도 16세기 이전의 고대 그리스인들은 이 수에 '황금비(Golden Ratio)'라는 특별한 이름을 붙였습니다. 오늘날 우리는 황금비를 기호 Φ로 나타내는데, 이것은 고대 그리스의 가장 위대한 조각가인 '피디아스(Phidias)'

에서 따온 것입니다.

사실, 이 비율의 역사는 그리스 이전보다도 더 거슬러 올라갑니다. 기원전 2000년경 이집트의 서기였던 아메스는 파피루스에 기원전 4700년에 쿠푸왕의 대 피라미드를 건설하는데 이 수를 '신성한 비율'로 사용했다고 전하고 있습니다. 현대의 측량기술은 피라미드의 밑의 중심에서 밑의 모서리까지 그리고 경사면까지 거의 정확하게 1.618이라는 것을 확인시켜주었습니다. 아메스의 파피루스가 작성되었던 같은 시기의 바빌로니아인들은 이 비율에 특별한 성질이 있다고 생각했고, 피타고라스학파 또한 그렇게 생각했습니다."

"피타고라스학파가 황금비하고도 관련이 있나요? 방금 교수님께서 황금비는 무리수라고 하셨는데, 피타고라스학파는 무리수를 수로 인정하지 않은 것으로 알고 있는데요."

남주희는 시종일관 그의 말을 한마디도 놓치지 않으려는 듯 열심히 듣고 있었다.

"그렇습니다. 피타고라스학파는 '만물의 근원은 수'라고 주장했습니다. 물론 그들이 말하는 수는 유리수입니다. 그리고 유리수는 두 정수 p, q에 대하여 특히 q가 0이 아닐 때, $\frac{p}{q}$의 꼴로 나타낼 수 있는 수입니다. 남주희 학생 말대로 황금비는 피타고라스학파가 주장했던 유리수는 아닙니다. 그런데 정오각형의 각 꼭짓점을 이으면 정오각형 내부에 별 모양이 생깁니다. 피타고라스학파는 내부에 별을 그려 넣은 정오각형을 자신들의 학파를 상징하는 심벌로 사용했습니다. 정오각형의

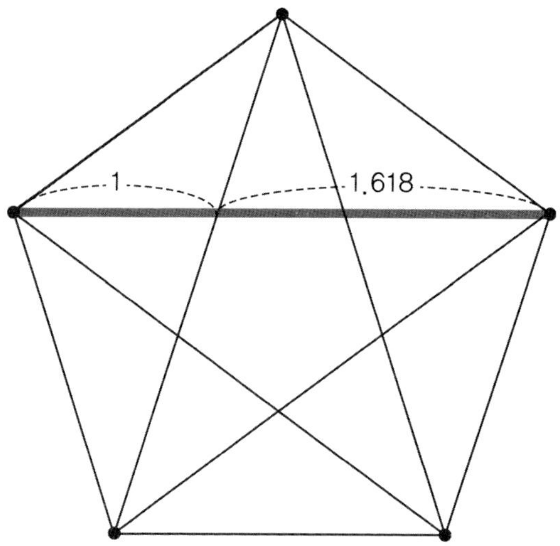

〈피타고라스학파의 상징〉

한 대각선이 다른 대각선과 만날 때, 만나는 점은 각 대각선을 정확하게 황금비로 나눕니다. 그리고 이런 황금비는 정오각형 내부에 있는 모든 대각선에서 찾을 수 있습니다. 또 정오각형의 대각선으로 만들어진 별의 내부에는 다시 작은 정오각형이 만들어지는데, 이것도 다시 그 안에 별 모양을 만들 수 있고 그 별 안에 또 더 작은 정오각형이 생깁니다. 이런 과정은 무한히 반복할 수 있기 때문에 피타고라스학파들은 정오각형과 그 안에 별이 그려진 도형을 이 세상에서 가장 아름답다고 생각했던 것입니다. 물론 당시 그들은 이 수를 유리수로 알고 있었습니다."

실제로 고대인들은 황금비에서 신비로움을 찾은 것과 동시에 이것으로부터 어떤 안정된 즐거움을 발견했다. 학자들은 고대 그리스로부터 중세에 이르기까지 대부분의 건축물과 조각상에서 피보나치수와 황금비를 발견했다. 대표적으로 그리스의 조각가인 피디아스의 조각에서, 처녀신인 아테나를 모시는 파르테논 신전과 다른 그리스 건축물에서 그리고 1180년대에 세워진 크루니(Cluny)의 대수도원에서 황금비를 찾을 수 있었다. 그러나 그는 이야기가 길어 질것 같아서 이런 이야기는 소개하지 않을 작정이었다.

"고대나 중세의 건축가들이 황금비를 의식적으로 이용했는지 아닌지는 수학에서의 논의 대상이 아닙니다. 단지 그들은 황금비와 피보나치 수들을 즐겨 썼고, 그로 인하여 아름다움을 창조했다는 것이 중요합니다. 레임스(Reims) 대성당의 설계자 중 한 사람인 휴 리베르게르(Hugh Libergier)는 그의 무덤에 황금비에 기초한 황금비례 컴퍼스를 묘사했습니다. 비록 그들이 피보나치 수와 그 비율 사이의 관계를 인식하지 못했다고 하더라도 레오나르도 다 빈치를 포함하는 르네상스 시대의 예술가와 건축가는 그것에 친숙했고 의도적으로 사용했지요. 15세기 후반 이탈리아 수학자인 루카 파치올리는 황금비에 관한 〈신성한 비례〉라는 저작을 남겼고, 150년 후에 케플러는 황금비와 신의 창조를 상징하는 〈신성한 분할〉을 썼습니다."

피보나치수열과 황금비에 관해 열이 올라있던 그는 시계를 보았다. 수업시간이 얼마 남지 않았다. 그는 정해진 시간을 넘겨 수업을 하는 경우가 종종 있었지만 오늘은 시간에 맞춰 수업을 끝내려고 마음먹고 빨리 마무리하기로 했다.

"1900년대가 되어 옥스퍼드 대학의 식물학자인 처치(A. H. Church)는 놀라운 발견을 하게 됩니다. 해바라기 꽃의 씨는 나선을 이루며 배열되어 있는데, 해바라기 꽃의 크기와 관계없이 그 나선의 수가 바로 피보나치 수였습니다. 물론 100%는 아니고 약 95% 정도의 해바라기 꽃에서 피보나치 수를 찾을 수 있었습니다. 처치의 발견이후로 식물학자들은 자연의 이곳저곳에서 피보나치 수를 찾았는데, 예를 들면, 줄기에서 잎의 배아의 배열, 솔방울 비늘의 배열, 데이지의 작은 꽃잎 등에서 찾을 수 있었습니다.

한편, 1920년대에 예일 대학의 제이 햄비지(Jay Hambidge) 교수는 식물에서 2분할이나 3분할 또는 4분할되어 성장하는 일명 '동적 대칭(dynamic symmetry)'을 발견했습니다. 이런 성장의 대칭은 등각나선(로그나선)으로 나타났으며, 이것은 '황금직사각형(golden rectangle)'을 이용하여 만들 수 있었습니다. 실제로 이런 성장은 동물의 뿔이나 달팽이의 껍질에도 나타납니다.

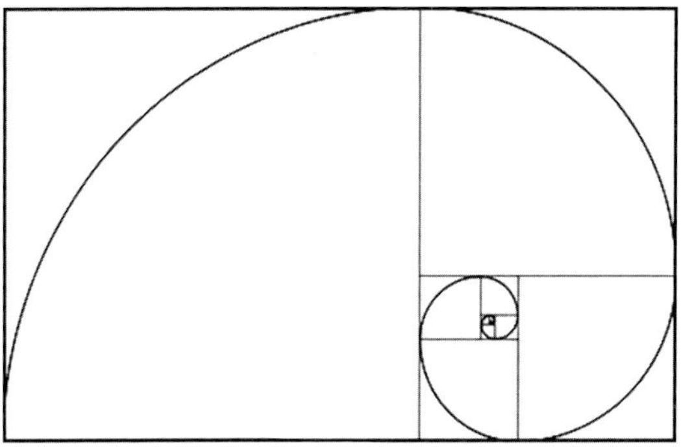

〈황금직사각형과 황금나선〉

처치와 햄비지 교수 이래로 많은 사람들이 피보나치 수에 관심을 갖기 시작했습니다. 1963년 미국의 캘리포니아에 본부를 두고 피보나치 수와 그것에 관련된 연구를 하기 위하여 호갓 박사를 초대회장으로 하여 피보나치 학회가 만들어졌으며, 1년에 4번 피보나치 수에 관련된 내용을 다룬 논문들을 실은 계간지를 출판하고 있습니다. 한 독일 과학자는 이 계간지에 원자핵의 구조와 물체의 기본 입자에서 '근본적인 비대칭'과 황금비를 발견했다고 발표했습니다. 사회과학을 열심히 연구하는 사람들은 사업 사이클, 강우, 그리고 생필품의 가격에서 피보나치 수를 발견했다고 발표했고, 특히 암 세포의 분열이 피보나치 수를 따른다는 내용도 발표되었습니다. 최근에 피보나치 수는 첨단과학인 암호와 코드이론에까지 그 범위를 넓혀가고 있습니다.

오늘 수업은 여기까지 하겠습니다. 마지막으로 질문 있습니까?"

다행히도 그날 수업에는 질문이 나오지 않았다. 수업을 끝내고 돌아온 그의 연구실 안은 햇빛과 난로 때문에 아침보다 훨씬 따뜻해져 있었다. 그는 햇빛을 잘 받을 수 있는 위치로 의자를 옮긴 후, 의자에 몸을 던지며 깊은 한숨을 내 쉬었다. 몇 분을 멍하게 있던 그는 마상진과의 전화를 떠 올리며 피식 웃었다.

연구실 창문으로 들어오는 햇빛이 오늘따라 한층 따스하고 아름답게 느껴졌다. 사실 8:5의 비율은 황금비에 가깝기 때문에 실생활에서 가장 널리 사용되고 있다. 이 비율을 이용하는 대표적인 것은 신용카드로 가로의 길이를 8이라고 하면 세로의 길이는 5이다. 그리고 신용카드와 같이 가로의 길이와 세로의 길이가 황금비를 이루는 직사각형을 황금직사각형이라고 한다. 그는 어느새 황금직사각형 창으로 들어오는 10월 말의 황금 햇살을 즐기고 있었다.

강산대학교에서 약 30분 거리 안에는 모두 5개 대학교가 있었고, 그 대학교들도 강산대학교와 비슷한 처지로 수학과가 근근이 운영되고 있었다. 그들은 주변의 다른 대학교와의 교류를 통하여 수학과를 살리려고 시도했고, 그 결과 강산대학교를 포함한 6개 대학교의 수학과 학생과 교수들은 가을에 한 차례 체육대회를 열며 친목을 다지고 대학 측에 공동대응하기로 했다. 그리고 체육대회가 열리는 날이면 학생들은 학생들대로, 교수들은 교수들대로 교류했다. 올해 체육대회는 바로 마상진으로부터 처음 전화가 오기전인 지난주에 강산대학교 운동장에서 있었다.

체육대회가 있던 날 그는 학교 주변에 있는 넓은 음식점을 예약했다. 이날 6개 대학에서 참석하겠다고 연락을 해 온 교수는 모두 30명가량이었다. 학생들과는 달리 느긋하게 하나 둘 도착한 교수들은 수학과 전용강의실에 마련된 임시 휴게실에 모였다. 12시가 될 무렵 참석하겠다고 연락 온 교수들이 모두 도착한 것을 확인한 그는 그들과 함께 예약한 음식점으로 향했다.

점심은 베트남 쌈이었다. 베트남 쌈은 쌀로 만든 지름이 약

15센티미터 정도 되는 둥근 원 모양의 반짱이라는 쌀 종이에 각종 고기와 채소를 싸먹는 베트남 음식이다. 그는 반짱 하나를 집어 들고 생각했다.

'아르키메데스는 어떻게 원주율을 구할 생각을 했을까?'

원주율은 원의 둘레의 길이와 지름 사이의 비로 고대 그리스 문자 π로 나타내며 이 값을 이용할 때는 대개 3.14를 사용한다. 하지만 원주율은 무리수이기 때문에 정확하게 나타낼 수 없다. 아르키메데스는 이런 원주율은 구하기 위하여 원의 내부에 접하는 정다각형과 외부에 접하는 정다각형을 이용하여 근삿값을 구했다.

아르키메데스는 지금으로부터 약 2300년 전에 오늘날 지중해에 있는 시실리 섬의 남쪽 끝에 있던 시라쿠사라는 도시에 살던 수학자이다. 그가 살았던 당시에는 종이나 연필과 같은 필기도구가 발명되기 이전이다. 그래서 원에 내접하는 정96각형과 외접하는 정96각형을 그리기도 힘들었을 뿐만 아니라 이런 정다각형의 한 변의 길이를 구하는 것은 더욱 어려운 일이었다. 하지만 아르키메데스는 불굴의 의지로 이런 방법을 이용하여 정다각형의 변을 하나씩 확장해가며 원주율의 범위를 좁혀가서 마침내 유용한 범위로 π가 3.1408 보다 크고 3.1428 보다는 작다는 것을 알아냈다. 그래서 오늘날 원주율을 '아르키메데스의 수'라고도 부른다.

오늘날의 수학자들은 아르키메데스의 이런 업적을 추모하는 한편, 원주율이 $\pi=3.1415\cdots$로 시작하기 때문에 매년 3월

14일을 '파이데이'라고 부르며 이 날을 기념하고 있다. 매년 2월 14일은 여자가 남자에게 사랑을 고백한다는 발렌타인데이이다. 그런데 이상하게도 우리나라에서만 3월 14일을 발렌타인데이와 반대로 남자가 여자에게 사랑을 고백하는 날이라고 하여 화이트데이로 부른다. 말하자면 얄팍한 상술이 다른 나라에는 없는 기념일을 만든 것이다. 그래서 그는 발렌타인데이와 화이트데이를 좋아하지 않는다. 그는 수업시간이나 다른 사람들에게 3월 14일은 화이트데이가 아니고 파이데이라고 말하곤 한다.

일단의 수학자들은 원주율 π가 3.1415926...임을 기념하기 위하여 3월 14일 오후 1시 59분 26초에 모여 π모양의 파이를 먹으며 서로에게 축하를 한다. 그리고 π값 외우기, π에 나타나는 숫자에서 생일 찾아내기 같은 게임과 원과 관련된 놀이기구의 길이, 넓이, 부피 구하기 등의 퀴즈 대회를 한다. 사실 그도 5월 8일 13시 21분인 자신의 생일과 태어난 시간을 π에서 찾아보았었다. 그는 자신의 생일을 찾기 위해 A_4용지의 반을 넘게 π값을 소수 1000자리까지 썼다. 그는 5월 8일을 나타내는 58은 찾았지만 시간까지 나타내는 5813은 찾지 못해서 아쉬웠다. 그러나 813이 있었기 때문에 그래도 813을 찾은 것은 다행이라고 생각했다. 그는 π를 1000자리보다 좀 더 많이 썼다면 자신의 생일과 관련된 수를 모두 찾았을 것이라고 스스로 위로했었다. 그리고 그것은 사실이다.

베트남 쌈을 먹으며 삼삼오오 담소를 나누던 교수들의 공통 관심사는 한국수학총회의 차기 회장에 관한 이야기로 집중되어가고 있었다. 그날 그는 별 의견 없이 다른 교수들의 이야기만 듣고 있었다. 사실 그들에게는 누가 회장이 되든지 관심이 없었다. 어차피 회장은 수도권의 큰 대학 가운데 한 곳의 교수가 당선이 될 것이고, 당선자는 지방대학교의 수학과 사정에는 관심이 없을 것이기 때문이다. 선거운동을 하는 동안은 지방대 수학과를 살리기 위한 여러 가지 달콤한 조건을 공약(公約)으로 걸지만 당선이 되고나면 그야말로 공약(空約)이 된다. 그래서 이날 모인 교수들은 누가 회장이 되어도 별 관심이 없다는 결론을 내렸다. 그리고 그도 마상진의 전화를 받기 전까지는 그들과 같은 생각이었다.

10월의 마지막 햇빛을 즐기던 그는 휴대전화를 들었다. 강산대학교와 가까운 곳에 있는 대학의 수학과 교수들에게 전화를 할 요량이었다. 그는 전화기를 들고 일주일 전 체육대회의 기억을 되짚어 보며 전화번호를 검색했다.

"여보세요?"

"신교수님께서 어쩐 일로 전화를 다 주셨나요?"

"잘 지내시지요? 다름이 아니라 이번 회장 선거 때문에 전화 드렸어요."

그는 전화를 받은 교수에게 반갑게 인사하며 자연스럽게 한국수학총회 회장 선거와 마상진의 이야기를 했다. 그러나 수화기 속의 목소리는 별로 달갑지 않은 반응을 보였다. 그가 처음으로 전화를 건 교수는 그래도 그와 가장 친분이 두터운 교수였는데 마상진의 이야기가 나오자 대화가 겉돌았다. 그는 하릴없이 전화를 끊었다.

'쉽지 않겠는데.'

이후 몇 군데 더 전화를 했지만 반응은 마찬가지였다. 하지만 그는 마상진의 당선을 위해서라기보다는 자신의 꿈을 위하여 그런 분위기를 반드시 돌려놓아야 했다.

부질없이 10월의 마지막 밤은 라디오에서 나오는 이용의 '잊혀진 계절'과 함께 그렇게 지나가고 있었다.

3

매

3 매

강산대학교의 수학과 교수는 모두 6명이었는데, 보통 그들은 점심시간에 수업을 배정하지 않기 때문에 거의 매일 함께 점심을 먹는다. 하지만 이번 학기 그의 강의시간표는 목요일 점심시간에 수업이 있었기 때문에 다른 교수들과 같이 점심을 먹을 수가 없었다. 그래서 이번 학기 목요일 점심시간은 그에게 혼자만의 시간을 주었다. 오늘도 혼자 점심을 먹은 그는 학교 안에 있는 커피 전문점에서 커피 한 잔을 사들고 연구실이 있는 건물 앞 벤치에 앉아 하늘을 보았다.

오늘이 11월 1일, 10월인 어제와 하루 차이라고 하더라도 그에게 10월의 하늘과 11월의 하늘은 달랐다. 11월의 하늘은 10월의 하늘보다 더 파랗고 높지만 어딘지 날카롭게 다가왔다. 하늘에 떠 있는 구름은 마치 하얀 도화지에 눈이 부시도록 파란 물감을 칠하다 남은 부분같이 엷고 듬성듬성 떠있다. 오늘 그에게 11월의 하늘은 구름 뒤에 시퍼런 비수가 숨겨져 있어서 그 빛으로 파랗게 변한 것 같은 느낌이었다.

하늘을 올려다보던 그는 파란 하늘과 흰 구름 사이로 뭔가 검은 점과 같은 것이 움직이는 것을 보았다. 자세히 보니 매였다. 어렸을 때는 매를 자주 그리고 많이 볼 수 있었지만 요즘은 거의 보기 힘든 새가 되었다. 매는 몸길이가 35센티미터에서 60센티미터까지 되는 놈이 있으며 몸무게는 보통 8킬로 그램 정도이다. 매의 부리는 갈고리모양으로 구부러져 있고, 부리 가장자리에 이가 나 있다. 날개는 길고 뾰족하고 낫 모양으로 뒤로 휘어져 있으며, 힘센 발에는 강한 발톱이 있다.

우리나라에서 매는 보통 10월서부터 나타나 이듬해 4월까지 볼 수 있으며, 하늘을 나는 새뿐만 아니라 토끼와 들쥐까지 잡아먹는다. 그가 어렸을 때 어른들은 매가 어린아이를 채가니 조심하라고 겁을 주곤 했다. 매는 인간의 시력보다 8배나 좋기 때문에 잘 볼 수 있으며, 힘차게 날다가 먹이를 사냥할 때 높은 곳에서 먹이를 향해 급강하하여 발로 먹이를 차거나 잡아채는데, 공중에서 시속 320km의 속도로 먹이를 낚아챈다.

매는 사냥기술이 좋아서 공중에서도 날아가는 새를 챌 수 있다. 그도 어렸을 때 매가 날아가는 새를 채는 것을 자주 보았었다. 까마득히 높은 하늘에서 커다란 원을 그리며 공중을 빙빙 돌다가 날아가는 먹잇감을 발견하면 쏜살보다 더 빨리 강하해 새를 채곤 했다. 그때 매는 새를 향해 최단거리인 직선으로 돌진했다. 아니, 그때까지는 그런 줄 알았다.

보통 매는 먹잇감이 되는 새보다 높이 난다. 높이 날다가 급강하하여 먹이를 채기 때문에 낮게 나는 참새와 같은 새들은 구름에 언뜻언뜻 보이는 매를 발견하기가 어렵다. 매가 높은 하늘에서 낮은 곳을 날고 있는 참새를 채려면 자신의 위치에서 참새가 있는 곳까지 가장 빠른 시간 안에 도착해야 한다. 그런데 두 지점을 잇는 최단거리는 직선이지만 매가 참새에게 돌진할 때는 지구 중력의 영향을 받게 된다. 만일 매가 직선으로 날아 참새에게 접근하려면 중력을 이겨야하기 때문에 무척 많은 에너지가 필요하고 그만큼 속도도 느려진다. 그래서 매는 참새를 챌 때 최단거리인 직선으로 접근하지 않고 '최단강하선(最短降下線)'을 따라 내려온다. 이때 최단강하선은 직선이 아니고 마치 두 전봇대 사이에 연결해 놓은 전선이 늘어져 있는 것과 같은 부드러운 곡선 모양이다. 매가 높은 곳에서 낮은 곳으로 날아올 때 이 곡선을 따라 내려오면 힘을 가장 덜 들이고 그리고 가장 빨리 내려오게 된다.

최단강하선은 사이클로이드의 일종이다. 사이클로이드는 원 위에 한 점을 찍고 원을 굴릴 때 나타나는 점의 자취를 그림으로 나타낸 것이다. 예를 들어 깜깜한 밤에 자전거를 탄다고 생각해 보자. 이때 자전거 바퀴의 한 부분에 야광 펜으로 큰 점을 찍은 후 자전거를 타고 달리면 자전거가 앞으로 나아가는 동안 바퀴에 찍은 점도 앞으로 나아간다. 그런데 바퀴가 둥글게 돌기 때문에 바퀴에 찍은 야광 점은 오르락내리락하며 앞으로 나아간다. 결국 야광 점은 연결된 아치를 그리는데, 이때 야광 점이 그리는 아치가 바로 사이클로이드이다.

사이클로이드는 수학적으로 흥미롭고 중요한 성질이 많다. 그리고 예전에는 이런 성질을 누가 먼저 발견했는지가 매우 중요했기 때문에 수학자들 사이에 서로 자기가 먼저 발견했다고 주장하며 싸우는 경우가 많이 있었다. 그래서 수학자들 사이에서는 사이클로이드를 그리스 신화에서 트로이 전쟁의 시작을 알렸던 '불화의 사과'라고도 한다.

커피를 한 모금 마신 그의 생각은 어느 덧 '불화의 사과'로 이어지고 있었다.

제우스의 할아버지 우라노스와 아버지 크로노스가 그랬던 것처럼 제우스 역시 자기 아들에게 왕좌를 빼앗길 것이라고 할머니 신인 가이아가 예언했다. 그런데 가이아의 예언이 구체적으로 어떻게 실현될지를 알고 있는 것은 제우스 일행이 몰아낸 티탄계열의 신인 프로메테우스였다. 처음에 프로메테우스는 제우스를 도와 티탄계열의 신을 몰아내는데 앞장섰다. 그 일로 제우스는 프로메테우스에게 흙을 빚어 인간을 만들라는 특명을 내렸다. 정성스레 인간을 빚은 프로메테우스는 주어서는 안 될 신들의 전유물이었던 불을 인간에게 선물했다. 그 일로 프로메테우스는 제우스로부터 바위에 묶여서 독수리에게 매일매일 간을 파 먹히는 벌을 받게 되었다.

제우스가 프로메테우스를 단방에 제거하지 않고 자신의 상징인 독수리로 하여금 간을 쪼게 한 데는 이유가 있었다. 간은 없어지면 새로 재생되기도 했지만 프로메테우스로부터 가이아의 예언을 알아내고 싶었기 때문이었다. 바위에 묶인 채 독수리에게 간을 쪼아 먹히고 있던 프로메테우스를 구해준 것은 헤라클레스였고, 헤라클레스는 제우스와 프로메테우스를 화해시켰다. 그리고 프로메테우스는 화해의 선물로 제우스에게 가이아의 예언이 어떻게 실현될 것인지 알려주었다.

"바다의 여신인 테티스가 낳는 아들은, 그의 아버지가 누구든 무조건 아버지보다 강한 힘을 갖게 될 것이다."

프로메테우스로부터 예언을 들은 제우스는 그녀를 서둘러 인간 영웅 중 한 명이었던 펠레우스에게 시집보내기로 했다. 신들의 여왕 헤라 역시 남편인 제우스가 테티스를 건드리지 않았기 때문에 테티스의 결혼식을 정식으로 그것도 최고로 화려하게 치러 주기로 했다. 사실 헤라는 신들의 여왕으로 결혼과 가정의 신이기도 했다.

올림포스의 신들이 모두 참석한 이 결혼식에 신들은 굉장한 선물을 가지고 왔다. 세상의 모든 신들이 참석했는데, 그 중에서 딱 한 신만이 초대받지 못했다. 바로 불화의 여신 에리스였다. 사실 누가 결혼식에 불화의 여신을 초대하고 싶겠는가? 무시당한 것으로 생각한 불화의 여신은 결혼 선물을 들고 화가 난 얼굴로 결혼식에 나타났다. 여기저기 둘러보던 에리스의 눈길이 올림포스 최고의 세 여신인 헤라, 아테나 그리고 아프로디테에게 멎었다. 그들은 나란히 서서 한참 재미있게 이야기를 나누고 있었다. 에리스는 그들 곁으로 슬그머니 다가가 가져온 선물을 슬쩍 놓고 그곳을 떠났다. 그것은 아름답게 빛나는 황금사과였는데, 순간 식장은 찬물을 끼얹은 듯 조용해졌다. 모두 에리스가 다녀간 것을 알았고, 무언가 흉측한 일이 벌어질 거라는 걸 짐작했기 때문이었다. 황금 사과를 집어든 것은 신랑 펠레우스였는데, 하찮은 사과를 집으려고 허리를 굽힐 세 여신이 아니었기 때문이었다. 사과를 바라보던 펠레우스는 난감한 표정을 짓고 있었다. 그 황금사과의 껍질에는 이렇게 써져 있었다.

'가장 아름다운 여신에게!'

결국 세 여신 가운데 누가 가장 아름다운 여신인가는 트로이의 왕자였던 파리스가 결정하기로 되었다. 헤라는 그에게 최고의 권력을 약속했고, 아테나는 뛰어난 지략과 강한 군사력을 주겠다고 했다. 마지막으로 아프로디테는 지상에서 가장 아름다운 여인을 주겠다고 했다. 젊은 파리스는 고민하지 않고 아름다운 여인을 아내로 얻기로 하고 황금사과를 아프로디테에게 주었다.

사과를 받아든 아프로디테는 파리스를 바다건너 메넬라오스가 살고 있는 스파르타 왕국으로 데리고 갔다. 왜냐하면 그곳에는 메넬라오스의 아내이자 지상에서 가장 아름다운 여인인 헬레네가 있었기 때문이다. 아프로디테와 파리스는 그녀를 납치하여 트로이로 왔다. 결국 이 일로 그 유명한 트로이 전쟁이 시작되었다. 이로써 불화의 여신이 주고 간 황금 사과의 위력이 발휘된 것이었다. 이것이 바로 '불화의 사과'가 등장하게 된 배경이다.

조금씩 음미하며 마시던 커피는 어느 새 바닥을 드러내고 있었다. 이제 한 모금이면 다 마실 식어버린 커피는 어느 새 '불화의 사과'에 대하여 처음 들었던 대학원 시절로 그를 돌아가게 하고 있었다.

사이클로이드가 '불화의 사과'라고 불린다는 것은 오래전 그가 대학원 석사과정에 있을 때 그의 지도교수인 김성진으로부터 들었다. 그가 김성진 교수를 처음 만난 것은 대학원에 입학한 직후였다. 그는 대학원에 입학하여 해석학을 전공하려고 생각하고 있었다. 그때 김성진 교수가 미국에서 박사학위를 받고 한국대학교 수학과 교수로 막 부임했고, 전공은 대수학이었다.

수학에서 가장 기본이 되는 분야는 크게 해석학, 대수학, 기하학으로 나눌 수 있다. 해석학은 17세기말 영국의 뉴턴과 독일의 라이프니츠가 발견한 미적분학으로부터 발전한 분야이다. 해석학은 주로 무한에 관련된 것들을 다룬다. 반면 대수학은 유한한 것을 주로 다루며 산술과정을 특별한 수와 변량(變量)에 일반화하여 적용하는 분야로 덧셈과 곱셈의 성질을 갖는 연산이 존재하는 추상적인 수학구조를 연구한다. 해석학과 대수학의 차이를 간단히 알아보면 이렇다.

절댓값이 1보다 작은 x에 대하여 $n+1$개의 항이 있는 n차 다항식을 나타낸 식 $(1-x)(1+x+x^2+x^3+\cdots+x^n)=1-x^{n+1}$은 대수학이다. 하지만 같은 다항식을 무한으로 확장하여 $(1-x)(1+x+x^2+x^3+\cdots+x^n+\cdots)=1$이라고 나타내면 이것은 해석학이다.

기하학은 공간과 공간 안의 물체에 대한 성질을 다루는 분야로 수학에서 가장 오래 된 분야이다. 기하학의 기원은 고대 이집트와 메소포타미아까지 거슬러 올라간다. 특히 기원전 300년경에 완성된 유클리드의 〈원론〉은 고대 기하학을 총망라한 책으로 수학의 모든 분야에서 연역적 방법을 확립하는 계기가 되었다. 그래서 사람들은 수 세기 동안 유클리드가 정리한 기하학이 유일한 기하학이라고 생각했었으나, 19세기말 다른 견해가 나타났다. 유클리드 기하학이 아닌 기하학, 즉 비유클리드 기하학이 등장했다.

그와 함께 대학원 석사과정에 입학한 동기는 모두 6명이었다. 그가 해석학을 전공할 계획이라는 것은 같이 입학한 동기들도 모두 알고 있는 사실이었다. 그는 자신이 해석학을 전공할 것이라고 공공연하게 말하고 다녔을 뿐만 아니라 스스로도 해석학이 잘 맞는다고 생각하고 있었다. 그래서 대학원에 입학하기 전에 미리 해석학을 열심히 공부해 두었다. 그는 그 당시 학부 해석학 책으로는 가장 좋다고 소문이 나있던 책 한 권을 완전히 외우다시피 할 정도로 해석학을 공부했다. 그리고 대수학은 해석학보다 꼼꼼하고 완벽해야 하기 때문에 약간 덜렁거리는 성격의 그에게는 적당하지 않다고 주변 사람들도 말하곤 했다. 그러나 그의 해석학에 대한 꿈은 김성진 교수를 만나며 한 순간에 사라졌다.

그가 대학원에 입학한 후 들은 첫 수업은 김성진 교수가 강의하는 대수학이었다. 대학이나 대학원에서 수업 1시간은 50분 단위로 이루어지며 주로 3시간을 연속으로 강의하기 때문에 실제 강의시간은 한 과목에 150분이다. 김성진 교수는 정확하게 150분 동안 그가 학부에서 1년 동안 배운 대수학의 내용을 일목요연하게 정리하고 수업을 마쳤다. 바로 그 첫 수업 시간에 그는 뒤통수를 망치로 맞은 것 같은 충격을 받았다. 대학 4년 동안 수업을 들으며 오늘과 같은 강의는 처음이었다.

김성진 교수의 강의는 마치 화창한 봄날에 고요한 호수 위를 작은 나룻배를 타고 찬찬히 노를 저으며 앞으로 나아가는 것과 같이 매끄러웠다. 김성진이란 사공이 노를 젓는 대수학이란 나룻배는 노 젓는 소리조차도 음악이 되어 호수 위를 미끄러지고 있었다. 나룻배가 지나간 자리는 물이랑이 불사조의 꼬리처럼 퍼지며 흐려지듯이 긴 여운을 남겼다. 그 나룻배의 사공은 어느 덧 강 건너 편에 서 있던 그에게 다가오더니 아주 부드러우면서도 자연스럽게 그물을 던졌고, 그날 이후 그는 사공의 그물에서 벗어날 수 없게 되었다. 아니 오히려 자신에게 그물을 던져주기를 기다리고 있었다고 하는 것이 옳을 것이다.

그는 첫 수업에 대한 느낌을 황원상에게 말했다. 황원상은 석사과정을 마치고 대수학을 전공하기 위하여 박사과정에 입학한 그의 선배였다.

"선배님. 김 교수님의 첫 수업은 뭐랄까? 제가 지금까지 알고 있었지만 연결이 되지 않았던 대수학의 이론들이 한 순간에 모두 연결되는 느낌이었습니다."

"나도 그런 느낌을 받았어. 이렇게 흥미로운 수업은 처음 들어봤어."

황원상도 김성진 교수의 박사과정 수업을 듣자마자 한 순간에 김성진 교수의 열렬한 추종자가 되었다. 그리고 그 날 이후부터 그의 고민이 시작되었다. 그전까지 자신에게 가장 잘 맞는 것은 해석학이라고 생각하고 있었지만, 그런 그의 생각은 시나브로 대수학 쪽으로 기울어져 가고 있었다. 그러나 그는 그런 생각을 드러내놓고 말할 수 없었다. 왜냐하면 그의 주변 사람들은 이미 그가 해석학을 전공하기로 마음먹은 것을 알고 있었기 때문이었다.

하지만 그의 고민과 갈등은 얼마가지 못했다. 3주쯤 지나자 그는 드디어 그 동안 자신의 생각이 옳지 않았다는 것을 느끼고 황원상에게 마음을 털어놓았다.

"황 선배님. 저 대수학을 전공하려고 합니다."

황원상은 그런 그의 마음을 진즉부터 알고 있었던 것일까? 왜 이제야 결정을 했냐는 듯이 그의 말에 그럴 줄 알았다며 고개를 끄덕였다.

"그래. 우리 열심히 해보자. 그러기 위해 세미나 팀을 만들면 어떨까?"

"좋은 생각인데요. 저도 열심히 하겠습니다."

그날 이후 황원상을 중심으로 석사과정과 박사과정 관계없이 대수학 세미나 팀이 만들어졌다. 사실 세미나 팀이라고 해봐야 그와 황원상 그리고 당시 박사과정에 있으면서 졸업논문 작성에 어려움을 겪고 있던 윤혜선 선배와 그의 학부 1년 선배인 김유상 이렇게 4명이 전부였다. 함께 입학한 그의 다른 동기들은 각자 자신이 생각하고 있던 분야를 전공하기로 했기 때문에 이 팀에 참여할 필요가 없었다.

그의 학부 선배이자 대학원 동기가 된 김유상은 대학을 졸업하고 대기업에 취직했지만 회사원이 자신의 적성에 맞지 않는다며 한 달도 지나지 않아 사표를 던졌다. 그리고는 일년 동안 대학원 준비를 하여 그와 같은 해에 대학원에 입학하게 되었다. 김유상은 그와 가깝게 지내던 선배로 대학원에서 대수학을 전공하려고 생각하고 있었다. 김성진 교수도 세미나 팀을 만들었다는 이야기를 듣고 크게 기뻐하며 앞으로 적극적으로 돕겠다고 했다. 그런데 윤혜선 선배는 세미나가 시작되고 얼마 지나지 않아서 큰 사고를 당해 박사과정을 포기했기 때문에 결국 세 명만이 남게 되었다.

김성진 교수는 우리나라뿐만 아니라 외국에서도 인정하는 뛰어난 수학자였다. 그가 주로 연구하는 분야는 대수학 중에서도 행렬의 성질을 연구하는 선형대수학이다. 선형대수학에서 주로 다루는 것은 행렬인데, 행렬은 수나 문자를 직사각형 모양으로 배열하여 괄호로 묶어 놓은 것이다. 예를 들어 과자와 사탕을 파는 어느 과자점이 처음 문을 열어서 첫째 날에 과자 140개와 사탕 120개, 둘째 날에 과자 170개와 사탕 180개, 셋째 날에 과자 160개와 사탕 200개가 팔렸다고 하자. 이런 결과를 한눈에 확인하기 좋은 방법은 각 열을 판매한 날짜로 하고 첫째 행에는 과자, 둘째 행에는 사탕의 판매량을 적는 것이다. 즉, $\begin{pmatrix} 140 & 170 & 160 \\ 120 & 180 & 200 \end{pmatrix}$와 같이 간단히 판매한 숫자만 나열하면 된다. 이와 같은 행렬의 성질과 활용을 연구하는 것이 행렬이론이다.

행렬에 관한 연구는 사실 연립일차방정식을 어떻게 하면 쉽고 간단하게 풀 수 있을까를 고민하는 과정에서 비롯되었다. 따라서 행렬이론은 처음부터 방정식과 매우 밀접한 관계가 있다. 행렬에 대해 연구하기 시작한 것은 기원전 4세기일 것으로 추측하지만 연구 결과에 대한 구체적인 기록은 기원전 2세기의 것이 남아 있다. 그리고 연구를 위한 수단이 갖추어지는 17세기말이 되어서야 행렬이론은 르네상스를 맞이하며 선형대수학이라는 이름으로 크게 발전한다. 그 이후 선형대수학은 제2차 세계대전을 거치며 컴퓨터의 등장과 함께 20세기 후반에 제2의 르네상스를 구가하고 있다.

선형대수학이 제2차 세계대전 이후에 발전하게 된 것은 제2차 세계대전 중 효과적인 군수지원을 위해 개발된 선형계획법과 컴퓨터의 등장에 따른 계산 능력의 향상에 있다. 그런데 흥미로운 사실은 선형대수학을 실질적으로 시작한 케일리와 최초로 현대적인 계산기를 만든 배비지는 유럽대륙 중심의 당시 수학계와는 거리가 멀었던 영국의 수학자였다는 것이다. 또, 2차 세계대전 후에 현대적인 컴퓨터의 발전과 더불어 유럽중심의 수학계에 비하여 한수 아래로 여겨졌던 미국에서 행렬이론이 크게 발전했다는 사실도 관심을 끈다.

선형대수학은 20세기에 들어서며 컴퓨터를 포함한 오늘날의 디지털기기의 발달과 매우 밀접한 관계를 맺고 있다. 미지수와 문제의 개수가 많아지면 어차피 필산으로는 불가능하기 때문에 간단하고 쉬운 해결방법이 있어야 한다. 그 해결 방법 가운데 가장 유용한 것이 바로 행렬을 이용하는 방법이지만 행렬도 크기가 커지면 어차피 필산으로 다룰 수 없다. 실생활의 거의 모든 문제와 관련되어 있는 행렬은 크기가 큰 것, 즉 손으로 풀기 어려운 것이 문제인데 이것이 바로 컴퓨터의 발전으로 해결된 것이다. 따라서 선형대수학이야말로 우리가 컴퓨터와 함께 살고 있는 이 시대를 극단적으로 상징하는 수학의 한 분야인 것이다.

실생활에서 발생할 수 있는 여러 가지 문제를 수학적으로 표현하여 수학 문제로 바꾸어 놓은 후, 그 문제를 선형화하여 연립일차방정식과 관련된 문제로 바꾼 다음 행렬에 대한 지식을 이용하면 쉽게 해를 구할 수 있다. 우리는 그렇게 구한 그 해를 원래 실생활문제에 대한 답으로 해석하는데, 이것은 수학의 역할 중의 하나이다. 이 과정에서 컴퓨터가 만들어졌고, 컴퓨터의 등장은 선형대수학을 포함한 수학 전 분야의 연구에 이용되는 등 20세기 후반에 가히 폭발적으로 활용되어졌다.

김성진 교수는 국내외를 통틀어 바로 이 분야를 이끌어가는 뛰어난 학자였다. 그는 바로 그런 김성진의 제자가 되기로 결심한 것이다. 김성진 교수는 세미나 팀이 앞으로 연구할 분야와 방향을 제시했다. 그가 제시한 방향은 선형대수학 중에서도 선택과 배열에 관한 문제를 주로 다루는 조합이론이었다. 예를 들면 '52장의 카드 1벌로 5장의 카드를 나누어 받는 놀이를 할 때 1쌍의 에이스를 가질 경우의 수는 몇 가지일까?', '학교에서 모든 학생들의 학과선택을 수용하기 위해서 수업시간표는 어떻게 만들어야 하는가?', '어떤 지역을 책임진 우편배달부가 한 구획도 반복하지 않고 각 구획을 한 번씩 순회하려면 어떤 경로로 우편물을 배달해야 하는가?', '지구상에 있는 모든 나라를 서로 이웃한 나라는 같은 색으로 칠하지 않고 칠할 수 있는 최소의 색은 몇 가지일까?' 등과 같은 문제를 다루는 것이 조합이론이다. 이런 문제들은 보기에는 쉬워 보여도 그 해결과정이 너무 복잡하여 슈퍼컴퓨터 없이는 몇 년이 걸려도 해결할 수 없는 경우가 대부분이다.

조합이론은, 이를테면 이차방정식의 근의 공식과 같은, 주어진 문제를 해결하는 특별한 방법이 없다. 즉, 조합이론은 새로운 문제마다 다른 논리분석이 요구되는 다양한 복잡성을 가진다. 이런 조합이론은 고대에서부터 시작되었으며, 최근 컴퓨터와 경영과학에서 매우 중요하게 사용되고 있다. 조합이론은 처음에 도박에서부터 시작되었으며 17세기에 유명한 수학자인 파스칼과 페르마에 의하여 확률론과 연결되었다. 실제로 1654년 파스칼은 페르마와 편지를 주고받았는데, 그들이 함께 해결한 '득점문제'는 확률론과 조합이론의 수학적 연구의 시작이었다. 득점문제는 이렇다.

'기술이 똑같은 두 경기자 A와 B가 있다. A가 승리하기 위해서는 2득점이 더 필요하고, B가 승리하기 위해서는 3득점이 더 필요한 경기에서 판돈을 어떻게 분배해야 하는가?'

페르마와 파스칼은 서로 독립적으로 이 문제를 해결했다. 우선 페르마는 이 문제에서 네 번을 더 시행하면 경기 결과가 결정되는 것을 알고, A가 승리하는 것을 a, B가 승리하는 것을 b로 표시하여 두 글자 a와 b를 동시에 네 개 택하는 다음과 같은 16개의 순열을 생각했다.

aaaa	aaab	abba	bbab	abaa	baba	aabb	abbb
baaa	bbaa	abab	babb	aaba	baab	bbba	bbbb

여기서 페르마는 a가 두 번 이상 나타나는 경우는 11번이고 b가 세 번 이상 나타나는 경우는 5번이므로 11:5로 분배하면 된다는 것을 알았다.

반면 파스칼은 이 문제를 산술 삼각형 또는 파스칼 삼각형이라고 부르는 것을 이용하여 같은 결론을 얻었다. 파스칼 삼각형은 다음과 같다.

$$
\begin{array}{cccccccc}
1 & 1 & 1 & 1 & 1 & 1 & \cdots \\
1 & 2 & 3 & 4 & 5 & 6 & \cdots \\
1 & 3 & 6 & 10 & 15 & 21 & \cdots \\
1 & 4 & 10 & 20 & 35 & 56 & \cdots \\
1 & 5 & 15 & 35 & 70 & 126 & \cdots \\
1 & 6 & 21 & 56 & 126 & 252 & \cdots \\
\vdots & \vdots & \vdots & \vdots & \vdots & \vdots & \ddots
\end{array}
$$

두 번째 또는 그 이후의 행에 나타나는 임의의 성분은 그 성분의 바로 위에 있는 행의 성분들을 그 성분 바로 위에 있는 성분부터 왼쪽 끝까지의 성분들을 더한 값과 같다. 예를 들어 네 번째 행의 다섯 번째 수인 35는 $35=15+10+6+3+1$이다. 그리고 이 수 삼각형에 사선을 그으면 파스칼이 고민한 득점문제의 답을 얻을 수 있는데, 4가 포함된 사선에 위치한 수 1, 4, 6, 4, 1에서 a가 두 번 이상 나타나는 경우는 차례로 $1+4+6=11$이고, b가 세 번 이상 나타나는 경우는 $4+1=5$이다. 파스칼이 처음 이 수 삼각형을 만든 이후에 파스칼 삼각형은 조합이론을 발전시키는 매우 중요한 도구가 되었다.

김성진 교수는 바로 이것과 관련된 문제를 세미나 팀에게 주었다. 그 가운데 그의 흥미를 끈 것은 피보나치수열이었다.

1, 1로 시작하여 앞의 두 항을 더한 결과가 그 다음 항이 되는 피보나치수열의 처음 몇 항은 1, 1, 2, 3, 5, 8, 13이다. 이런 피보나치수열은 그에게 최고의 선물이었다. 피보나치수열은 일천 년 동안 자신을 꺼내줄 사람을 기다리고 있는 호리병 속의 마법사처럼 그의 앞에 홀연히 나타났다. 결국 그가 피보나치수열의 성질을 연구하여 처음 작성한 논문이 그의 석사과정 졸업논문이 되었다.

석사과정을 마친 그는 곧바로 박사과정에 입학하여 본격적으로 피보나치수열에 관하여 연구하기 시작했고, 그가 참여하고 있는 세미나 팀은 아주 만족스러운 결과들을 속속 만들어내고 있었다. 특히 황원상은 세미나 팀의 맏형으로 김성진으로부터 실력과 성실성을 인정받고 있었다.

그가 박사과정에 입학하고 1년이 될 때까지는 모든 일이 순조롭게 잘 진행되고 있었다. 그 동안 세미나 팀은 한국대학교 수학과뿐만 아니라 다른 대학교 수학과에까지 서서히 알려지고 있었다. 그래서 세미나를 하던 세 명은 희망에 부푼 앞날을 약속받은 듯 보였다. 하지만 그 즈음 한국대학교 수학과에 놀라운 소식이 전해졌다. 김성진 교수가 자신의 고향에 있는 대학으로 옮긴다는 것이었다. 그를 비롯한 세미나 팀에게는 청천벽력과도 같은 소식이었지만, 그것은 엄연한 사실이었다.

원래 김성진 교수는 자신의 고향에 있는 서운대학교 수학과의 교수였다. 그는 그곳에서 충분히 훌륭한 교수였지만 자신만의 학맥을 만들려는 꿈을 가지고 있었다. 그리고 그 꿈을 실현하기 위해 한국대학교로 옮겨 온 것이었다. 서운대학교에는 그의 연구에 대한 목마름을 해소시킬만한 제자가 나오질 않고 있었는데, 때마침 그에게 한국대학교로 와달라는 간곡한 제안이 있었다. 김성진 교수는 한국대학교의 교수가 되면 자신만의 학맥을 구축할 수 있으리라는 기대를 했고, 실제로 그가 바라던 대로 일이 진행되고 있었다. 하지만 서운대학교에서 김성진 교수를 놓아주지 않았다. 그도 그럴 것이, 김성진 교수는 한국을 넘어서 세계에서 통하는 수학자가 되었기 때문이다. 그런 학자를 모교인 서운대학교에서 놓아주지 않은 것은 어쩌면 당연한 일이었다.

김성진 교수가 한국대학교로 옮기기 위해 서운대학교에 제출한 사표를 대학측에서는 끝까지 수리하지 않고 김성진 교수를 기다리고 있었다. 그러는 사이 한국대학교에서는 김성진을 교수로 임용한 것이었다. 그 결과 김성진 교수는 동시에 두 대학교의 교수가 되었다. 그래서 한 곳을 선택할 수밖에 없었고, 서운대학교의 끈질긴 회유와 설득으로 다시 자신의 모교로 돌아가기로 결정한 것이었다.

"모두에게 미안합니다. 그러나 우리의 인연은 계속될 것입니다. 제가 여러분들을 끝까지 책임지겠습니다."

김성진 교수가 떠난 그 해에 황원상은 이미 김성진 교수로부터 논문을 지도받아 박사학위 논문을 거의 완성했고, 나중에 그 논문으로 박사학위를 받았다. 하지만 그는 박사과정을 시작한지 겨우 1년이 지났기 때문에 박사학위를 받을 수 있는 만큼의 충분한 결과를 얻지 못하고 있었다. 그래서 그는 황원상이 주축이 되어 이끌고 있는 세미나 팀에서 열심히 연구했고, 그러는 한편 세미나 팀원들은 서운대학교를 틈나는 대로 방문하여 김성진 교수에게 계속하여 지도를 받았다.

김성진 교수가 떠난 한국대학교 수학과에는 선형대수학 전공 교수의 자리가 비게 되었다. 그리고 그 자리에 누가 오게 될 것인지가 세미나 팀뿐만 아니라 한국대학교 수학과 전원의 초미의 관심사였다. 그래서 한국대학교 수학과를 실질적으로 이끌고 있는 김동화 교수와 한재영 교수는 이 자리에 누가 적당한지 물색하고 있었지만 적당한 인물이 나타나질 않고 있었다.

그가 박사학위를 받는 데 4년이면 충분했다. 사실 그는 자신의 분야에서 남들보다 열심히 연구했기 때문에 김성진 교수가 떠나고 1년이 지난 박사과정 2년차에 학위논문을 완성할 수 있었다. 그의 박사학위 논문은 피보나치수열과 황금비에 관한 것으로, 많은 결과들은 이미 권위 있는 논문집에 게제가 확정된 상태였다. 하지만 박사과정과 대학원에는 정해진 규정과 규칙이 있었기 때문에 그는 2년을 더 기다려야 박사학위를 받을 수 있었다. 그가 학위논문을 완성할 무렵 황원상은 박사과정을 시작한 지 4년 만에 박사학위를 받았다. 한국대학교 수학과에서 박사과정을 시작하고 4년 만에 학위를 받은 것은 황원상이 처음이었고, 그가 두 번째였다. 그때 그의 나이는 28살이었다.

그는 실력도 실력이지만 운도 따랐다. 그는 학위를 받자마자 그해 3월에 바로 강산대학교 수학과 교수로 임용되었다. 강산대학교가 그의 고향에 새로 문을 열며 수학과 교수를 초빙했는데, 그는 나이가 너무 어리기 때문에 그곳의 교수로 임용되는 것을 기대하지 않고 있었다. 강산대학교 측에서도 처음에는 그가 너무 어리기 때문에 신생 대학교의 교수로서는 어울리지 않는다며 다른 사람을 구하려고 했다. 강산대학교 측은 2월이 거의 끝나갈 무렵까지 수학과 교수를 물색했지만 그보다 나은 인물을 찾을 수 없었다.

그 무렵 그는 강산대학교 교수가 되는 것을 포기하고 있었다. 그런데 2월 말에 갑자기 교수로 초빙하기로 결정했다는 연락이 왔다. 그는 강산대학교의 그런 처사에 기분이 썩 좋지는 않았기 때문에 강산대학교로부터 연락을 받고도 서류준비를 하지 않고 있었다. 그런데 3월 1일이 되자 무조건 강산대학교로 와야 한다는 강산대학교 측으로부터의 연락을 받고 대학 측의 결정을 따르기로 했다.

그는 강산대학교 교수가 되었지만 매주 열리는 한국대학교에서의 세미나에 적극적으로 참여하여 많은 논문을 쓰고 있었다. 황원상은 그보다 먼저 박사학위를 받았지만 운이 없게도 그때까지 자리를 잡지 못하고 시간강사를 하고 있었다. 하지만 황원상은 박사학위를 받은 이후에도 끊임없이 좋은 논문을 많이 썼기 때문에 그가 교수가 되리라는 것을 의심하는 사람은 아무도 없었다.

그런데 세미나 팀원 가운데 김유상은 그때까지 김성진 교수로부터 실질적인 지도를 받지 못하고 있었다. 사실 김유상은 그와 함께 공부를 계속하기 위하여 박사과정에 입학하려고 했다. 그러나 김유상은 시험 당일 아침에 시험장으로 향하다가 그만 교통사고를 당하여 박사과정 입학시험에 응시할 수가 없었다. 김유상은 1년 뒤에 박사과정에 입학했지만 그때는 이미 김성진 교수가 서운대학교로 떠난 후였다. 그러나 김성진 교수는 김유상까지 책임을 지고 논문을 지도해 주기로 했었기 때문에 김유상은 그와 함께 김성진 교수에게 지도를 받기 위하여 일주일에 한 번씩 기차를 타고 서운대학교에 다녀왔다. 하지만 지난 1년 동안 그와 황원상은 김유상보다 훨씬 많은 것을 빠른 속도로 배우고 연구했기 때문에 김유상은 그때까지도 그들의 분야에서 초보에 지나지 않았다.

김유상은 박사과정에 입학한 후 첫 학기를 기차에서 보냈다고 해도 과언이 아니었다. 황원상과 그는 가끔 김성진 교수를 방문했지만 김유상은 매주 김성진 교수와 만나 조합이론 수업을 받아야 했기 때문이다.

그렇게 김유상의 첫 학기가 끝나갈 무렵 그와 황원상 그리고 김유상은 함께 김성진 교수를 만나기 위해 기차를 탔다. 아침을 가르며 달리는 기차 안에서 그들의 관심은 여름방학 동안 어떤 주제를 연구할 것인가에 모아지고 있었다. 그때 황원상이 새로운 소식을 전했다.

"우리 선배님 중에 마상진이라는 분이 계시는데, 그분이 한 10년 전쯤에 미국으로 유학을 떠났었어. 그런데 그분이 이번에 학위를 받고 돌아올 모양이야. 어제 나에게 갑자기 전화가 왔더라고."

그가 말했다.

"박사과정으로 10년이나 보내셨다면 어지간히 논문이 나오질 않았나보네요."

그의 말에 김유상이 맞장구를 쳤다.

"그렀네! 그런데 그분은 전공이 뭐래요?"

"아마 우리와 비슷한 분야인 것 같아. 행렬 쪽이라고 하는 것 같은데 정확히 뭔지는 모르겠어."

그때 김유상은 황원상의 말에 걱정스러운 듯 말했다.

"혹시 한국대학교로 오는 거 아냐? 그럼 난 어떻게 하지?"

"그렇게 되면 형은 그 분을 지도교수로 해야겠지."

"그럼 그 분이 연구하고 있는 쪽을 다시 처음부터 공부해야 되는 건가? 그렇게 되면 난 언제 박사가 되나?"

"글쎄? 좀 더 두고 보자. 아마 김동화 교수님과 한재영 교수님께서 우리를 생각해서 좋은 쪽으로 결론지으시겠지."

황원상의 말에 김유상의 얼굴에는 천근만근의 근심이 드리워진 게 역역했다. 그에게도 그리 좋은 소식만은 아닌 것 같았다. 사실 그와 황원상은 서로에게는 말하지 않았지만 내심 자신들이 그 자리에 어울리지 않을까라는 생각을 하고 있었다. 하지만 그것은 둘 모두에게 자신들만의 생각일 뿐이었다.

마상진이 한국대학교 수학과에 나타난 것은 그와 황원상 그리고 김유상이 김성진 교수에게 다녀오고 정확히 3주가 지난 21일후였다. 여름방학이 시작되었기 때문에 세미나 팀은 지난 번 김성진 교수를 방문하여 함께 논의한 주제를 여름방학동안 해결하기 위한 전략을 짜고 있었다. 그때 느닷없이 세미나실 문이 열렸다.

"안녕하쇼? 나 마상진이요."

황원상은 그가 들어오자 잠시 발표를 중단하고 마상진과 반갑게 인사했다. 그리고 황원상은 마상진을 그와 김유상에게 소개했다. 그가 기억하는 마상진의 첫 인상은 환한 웃음으로 인사하는 밝은 모습이었다. 그러나 그는 마상진의 그런 모습이 그때가 처음이자 마지막이라는 것을 서서히 알아가게 되었다. 어째든 마상진은 불쑥 열었던 문을 닫으며 말했다.

"반갑소. 세미나 팀에 관해서는 한국에 오기 전에 황선생으로부터 들었소. 모두들 열심히 한다고. 나도 전공이 행렬에 관한 것이오. 그래서 말인데 앞으로 나도 이 팀에 끼어서 같이 연구해도 되겠소?"

그렇게 그들의 여름은 시작되었고, 그해 여름은 무쇠솥발이 뭉그러지게 더웠다.

4

변하는 것과 변하지 않는 것

4 변하는 것과 변하지 않는 것

마상진은 황원상을 비롯한 다른 사람들의 의견을 들어보지도 않고 세미나팀에 합류하겠다고 일방적으로 생각하고 행동했다. 그는 마치 오래 전부터 그 팀을 자신이 시작하고 이끌어왔다는 듯이 행동했다. 마상진이 참여한 첫 날, 세미나는 주로 마상진이 미국에서 공부했던 분야에 대한 것들을 간단히 소개하는 것으로 채워졌다.

마상진이 미국에서 공부하고 돌아온 분야는 세미나 팀에서 연구하고 있는 분야와 겉보기는 유사했지만 실제 내용은 완전히 달랐다. 겉으로 보기에 양쪽 모두 행렬을 다루고는 있었지만 마상진의 분야는 행렬을 함수로 생각하고, 그 행렬이 어떤 작용을 할 때 변하는 것과 변하지 않는 것은 무엇인지를 다루는 것이었다. 그러나 그와 황원상 그리고 김유상이 관심을 가지고 있는 분야는 자연현상이나 사회현상과 같이 우리 주변에서 실제로 일어날 수 있는 일들을 행렬을 이용하여 설명하는 쪽이었다.

"어떻소? 흥미로운 분야 아니요?"

마상진의 물음에 황원상은 그저 고개를 끄덕이며 커다란 눈을 껌벅거리지도 않고 마상진이 칠판에 써 놓은 내용들을 뚫어지게 바라보고 있었다. 황원상이 고개는 끄덕이고 있었지만 마상진의 발표와 연구 분야에 별로 흥미를 느끼지 못하고 있음을 그는 직감했다. 그는 나름대로 의미가 있는 것을 발견했지만 황원상과 마찬가지로 그의 관심을 집중시킬 만큼 흥미로운 것은 발견할 수 없었다. 그것은 김유상도 마찬가지였다.

"그럼 오늘은 여기까지 하고, 다음 주부터 선배 순서대로 황 선생, 김 선생, 신 선생이 차례로 돌아가며 발표하는 것이 좋겠소."

마상진의 맺음에 세 명은 그저 고개를 끄덕일 뿐이었다. 그들이 마상진의 말에 긍정도 부정도 하지 않은 것은 마상진이 그들의 선배였고 미국에서 학위를 하고 왔다는 사실 때문이었다. 황원상과 김유상 그리고 그에게 미국에서 박사를 받아 왔다는 마상진이 대단해 보이는 것은 어쩌면 당연한 것이었다. 게다가 마상진의 위세도 대단했다. 자신이 미국에서 공부하던 여러 가지 일들을 이야기하며 부리는 허세를 그들은 미국에 대한 경험이 없었기 때문에 모두 사실로 받아들일 수밖에 없었다. 또 한편으로 세 명이 마상진의 발표를 열심히 들은 것은 그가 미국에서 공부하고 왔다는 분야에 대한 궁금증 때문이기도 했다. 같은 행렬이론을 연구했다고 했기 때문에 현재 자신들의 연구 분야와 어떤 관계가 있지 않나하는 기대감이었을 것이다. 하지만 기대는 단지 기대일 뿐 현실이 되기에는 어딘지 모를 아쉬움이 있었다.

황원상은 미래를 예측할 수 있는 방법을 수학, 특히 행렬로 표현하려고 시도하고 있었다. 수학으로 미래를 예측할 수 있다는 아이디어는 라플라스로부터 기인한 것이었다.

라플라스는 18세기 후반에서 19세기 초에 주로 활동한 프랑스의 수학자이자 천문학자였다. 그는 가난한 농부의 아들로 태어나 수학과 과학이론의 발전에 기여한 공로를 인정받아 후작(侯爵)의 지위까지 누린 입지전적 인물이었다. 그는 특히 삼라만상을 인과론으로 설명하는 데 관심을 집중했고, 실제로 그럴 수 있다고 굳게 믿었다. 19세기 말에 그가 남긴 다음과 같은 유명한 말은 바로 그런 믿음의 결정판이었다.

“우리는 우주의 현 상태를 과거의 결과로 그리고 미래의 원인으로 생각해야 할 것이다. 자연에 존재하는 모든 것과 그 존재에 작용하는 모든 힘을 이해할 수 있는 마음이 있다면-그 마음은 모든 자료를 분석할 만큼 광대하다고 하자-그 마음은 우주에서 가장 큰 물체의 운동과 가장 작은 원자의 운동을 동일한 법칙으로 통일할 수 있을 것이다. 그 마음에는 불확실한 것이 전혀 없으며, 미래 또한 과거와 같이 현존하고 있을 것이다.”

요컨대, 라플라스의 주장은 어느 한 순간에 존재하는 모든 것과 그 존재에 작용하는 모든 힘을 알 수 있다면, 미래를 완벽하게 예측할 수 있다는 것이다. 이런 믿음은 단순화하여 수학적으로 표현할 수 있다.

황원상이 처음에 이 분야에 대하여 연구를 시작할 때, 황원상은 라플라스를 소개하며 다음과 같은 예를 들었다.

시간 t에 대한 장소의 함수를 $y=f(t)$라 하자. 그러면 이 함수는 정해진 시점에서부터 일정한 시간 t가 흐른 후의 장소를 y로 나타낸 것이다. 이를 테면, 집에서 출발하여 10분 후에 도서관에 도착했다면 처음 t와 y의 값은 $t=0$이면 $y=$(집)이고, $t=10$이면 $y=$(도서관)이 되는 것이다.

이런 함수에 대하여 어떤 사물의 현재($t=0$) 위치는 $y=1$이고 현재상태가 변하는 비율은 시간의 두 배라고 가정하자. 이것은 바꾸어 말하면 함수 $y=f(t)$의 접선의 기울기가 $2t$라는 의미이다. 그런데 어떤 함수의 한 점에서의 기울기는 그 함수의 미분과 같으므로 $f'(t)=2t$이다. 그러면 함수는 $f(0)=1$, $f'(t)=2t$를 만족한다.

이것은 $t=0$에서의 함숫값이 1이고 한 번 미분한 것이 $2t$인 함수는 무엇인지 구하는 것이다. 우선 한 번 미분하여 $2t$가 될 수 있는 함수는 $y=t^2+c$ (c는 상수이고 미분하면 0이 된다.)이다. 그런데 $t=0$일 때 $y=1$이 되므로 $f(t)=t^2+c$의 t에 0을 대입하면 $f(0)=0^2+c=1$이므로 $c=1$이다. 따라서 $f(t)=t^2+1$을 얻게 된다. 그리고 이 함수에 의해서 t시간 후에 어떤 사물이 존재할 장소를 완벽하게 얻을 수 있다. 이처럼 미래에 불확실한 것이라곤 전혀 없는 세계, 라플라스는 우리의 우주가 바로 그런 세계라고 굳게 믿었다.

황원상은 바로 이와 같이 세상을 해석하는 수학적 방법을 행렬을 이용하여 표현하려고 하고 있었다. 그리고 어느 정도 성공적인 결과를 얻기도 했다. 그의 아이디어가 매우 독특한 것이었기 때문에 행렬을 주로 다루는 국제적으로 권위가 있는 전문학술지인 〈선형대수학과 응용〉에 몇 가지의 부분 결과를 게제하기도 했다.

황원상은 마상진의 계획대로 세미나 시간에 이것에 관해 가장 최근에 얻은 결과를 발표했다. 마상진은 황원상의 발표 내용에 큰 관심을 보였다. 황원상의 발표 중간 중간에 이것저것 질문을 했지만 실상 중요한 요점을 묻는 것은 없었다. 마상진의 질문은 핵심을 파악하지 못한 경우에 나올법한 것들이 대부분이었다. 미루어 짐작컨대 마상진은 황원상의 이론을 제대로 이해하지 못하고 있음이 분명했지만 황원상은 개의치 않았다.

"그러면 다음에 생각할 수 있는 건 뭐가 있겠소?"

황원상은 내용을 이해하지 못하고 던진 마상진의 말에 원론적인 방향만 간단히 설명했다.

"좋소. 그럼 다음 주는 김 선생이 발표해 보시오."

마상진의 말에 김유상은 기다렸다는 듯이 말했다.

"선생님. 저는 이 분야의 연구를 시작한지 얼마 되지 않았기 때문에 발표할 준비가 아직 되지 않았습니다."

"그렇소. 그럼 신 선생이 하겠소?"

그는 말없이 고개를 끄덕였다.

세미나를 끝내고 나온 6월 말, 교정은 찜질방의 불가마 방이었다. 건물을 타고 오르는 담쟁이는 개의 혓바닥처럼 잎을 늘어뜨렸고, 햇빛에 취한 나무들도 열기에 지쳐 연신 산소를 토해내고 있었다. 웬만한 일엔 짜증을 부리지 않는 무던한 황원상도 세미나 때문인지 더위 때문인지 모를 짜증 섞인 목소리로 말했다.

"무슨 날씨가 이리 덥냐? 김선생, 신선생. 시원한 맥주나 한 잔 합시다. 어이구."

황원상이 내 뱉은 마지막 말은 그의 답답함을 대변하는 듯 했다.

사실 황원상이 연구하려는 분야는 현대 물리학과는 어울리지 않는 구석이 있었다. 양자역학의 불확정성 원리에 따르면 우리는 아원자(亞原子) 입자의 위치와 운동량(혹은 상태)을 결코 동시(同時)에 알 수 없다. 이것은 예측 불가능한 미래는 있을 수 없다는 라플라스의 전제(前提)를 완전히 부정하는 원리이다. 이 원리에 따르면 우리는 적어도 원자보다 작은 입자의 미래 상태를 완벽히 예측할 수 없고, 다만 그것이 특정한 곳에 존재할 확률만을 알 수 있을 따름이다.

그런데 이 시대의 가장 뛰어난 과학자라고 하는 아인슈타인조차도 양자역학의 불확정성 원리를 끝내 받아들이지 않았다. 그래서 그는 '신(神)은 주사위 놀이를 하지 않는다.'라는 유명한 말을 남기기도 했다. 하지만 오늘날의 과학자들은 양자역학의 불확정성 원리를 입증하기 위하여 여러 가지 실험을 했으며, 그 결과로부터 과학자들은 아인슈타인의 생각과는 다르게 신이 주사위 놀이를 즐긴다는 결론을 내렸다. 결국, 미래를 예측할 수 있다는 라플라스의 믿음은 오늘날 근거가 박약한 것이라고 판정할 수밖에 없다.

황원상의 생각도 그들과 마찬가지로 미래를 예측할 수 없다는 것에는 동의하고 있다. 하지만 모든 미래를 예측할 수 없는 것은 아니라는 것이 황원상의 연구의 출발점인 아이디어였다. 황원상은 3차원 공간에 있는 어떤 입자들 가운데에는 미래를 예측할 수 있는 것들도 있음을 수학적으로 증명하고자 하는 것이다. 그리고 그의 이런 아이디어는 점점 구체화되어 의미 있는 결과를 얻었던 것이다.

황원상의 연구는 변하는 것과 변하지 않는 것을 행렬을 이용하여 구분하고, 변하지 않는 것의 특성을 행렬로 규정하는 것이었다. 반면 마상진의 연구는 어떤 것이 변하지 않는다고 할 때, 행렬은 어떤 형태일까를 연구하는 것이다. 결국 마상진의 연구는 황원상의 연구의 극히 일부분에 지나지 않는 것이었다. 그래서 마상진은 자신이 미국에서 그렇게 열심히 연구했다던 내용만 가지고는 황원상의 연구를 이해할 수 없었다. 그리고 마상진의 그런 상황은 황원상과 김유상 그리고 그를 자꾸 맥주집으로 향하게 하고 있었다.

비록 김성진이라는 같은 지도교수 밑에서 연구를 시작했지만 황원상의 연구 분야와는 다르게 그의 주된 관심은 피보나치수열과 황금비였다. 그는 피보나치수열로부터 황금비를 얻을 수 있음에 착안하여 흥미롭고 중요한 결과를 많이 얻었다. 그의 결과들은 대부분 행렬을 이용하여 얻은 결과들이었기 때문에 황원상의 경우와 마찬가지로 〈선형대수학과 응용〉에 실었다. 그리고 행렬을 이용하지 않고 얻은 결과들은 피보나치수열만을 다루는 국제적인 전문학술지인 〈피보나치계간지〉에 실었다. 국내 학자 가운데 〈피보나치계간지〉에 논문을 실은 사람은 그때까지 그를 포함하여 단 3명뿐이었다. 그만큼 그는 국내에서 이 분야의 선두를 달리고 있었다.

피보나치수열에 관하여는 최고의 권위와 명성을 갖고 있는 〈피보나치계간지〉에 국내 수학자 가운데 단 3명만이 논문을 실었다는 것은 아직 우리나라에서는 피보나치수열에 관한 연구가 활발하지 않았기 때문이기도 하지만 피보나치수열의 중요성을 인식하지 못하고 있었기 때문이기도 하다. 피보나치수열은 정보통신뿐만 아니라 전자분야에서도 없어서는 안 될 중요한 도구이기 때문에 국제적으로는 매우 활발한 연구가 진행되고 있다. 특히 정보통신과 디지털이 발전한 인도와 유럽에서는 많은 학자들이 이 분야를 연구하고 있다.

그는 황원상의 발표에 대한 마상진의 태도로 보아 피보나치수열에 대한 간단한 도입만 소개하면 충분할 것으로 생각했다. 그리고 수열을 행렬로 바꾸어 표현한다는 것을 마상진이 이해할 수 있을지에 대해서도 부정적이었기 때문에 굳이 자세한 내용을 설명할 필요는 없을 것이라고 생각했다. 그리고 그런 그의 생각은 옳았다. 마상진은 수열을 행렬로 바꾸어 표현하고 수열의 문제를 행렬로 풀어낸다는 그의 설명을 이해하지 못하고 있는 것이 분명했다. 그가 발표하는 동안 마상진은 아무 말이 없었다. 그리고 발표가 끝나자 마상진이 말했다.

"그러면 다음에 생각할 수 있는 건 뭐가 있겠소?"

그 날도 무더위는 계속되었고, 그는 황원상, 김유상과 함께 오징어 안주에 맥주를 마시러 갔다.

여름 방학이 다 지나가도록 마상진은 세미나에서 자기가 생각하고 있는 문제나 얻은 결과를 발표하지 않았다. 맨 처음 딱 한번 발표한 것이 전부였다. 그저 다른 사람들이 발표하는 것을 지켜보고만 있었다. 그리고 다른 사람이 발표를 하고 나면 물어보는 것은 똑같았다.

"다음에 생각할 수 있는 건 뭐가 있겠소?"

마상진의 이 말은 마치 코미디 프로에서 개그맨이 어떤 말을 유행어로 만들기 위해 그 말을 열심히 반복하여 사용하고 있는 것과 같았다. 아니, 그보다는 마법사가 마법을 걸 때 항상 해야 하는 주문과도 같았다.

마상진은 여름방학이 끝나갈 무렵부터 한재영 교수와 김동화 교수를 자주 만나기 시작했다. 어떤 때는 세미나에 참석하지 않고 그들을 만나서 이야기를 나누다가 세미나가 거의 끝나갈 무렵 강의실에 들어왔다. 물론 그때마다 같은 주문을 외웠다.

"다음에 생각할 수 있는 건 뭐가 있겠소?"

나무의 녹색이 진해지며 새로운 학기가 시작되었다. 그 동안 그와 황원상은 새로운 논문을 한 편씩 완성했고, 각자 〈선형대수학과 응용〉에 투고하기로 했다. 김유상은 그보다 1년 늦게 박사과정을 시작한 차이를 여전히 메우지 못하고 있었지만 점차 적응해나가고 있었다. 그리고 그때까지도 마상진이 무엇을 하는지 알고 있는 사람은 없었다.

그에 반해 마상진은 세미나 팀원들이 무엇을 연구하고 어떤 성과를 내고 있는지 모두 알고 있었다. 그런데 모든 것을 알고 있다고 항상 유리한 것은 아니다. 그는 그런 마상진을 생각하자 피식 웃음이 나왔다. 무엇을 하고 있는지 모든 것을 알고 있을 때 발생할 수 있는 이상한 역설이 떠올랐기 때문이다.

모든 것을 알고 있으면 좋을 때도 있다. 예를 들어 다음 주 로또 1등 번호를 알고 있다면 매주 몇 십억씩 돈을 벌 수도 있고, 경마에서 승리하는 말을 알고 있다면 큰돈을 딸 수도 있다. 하지만 가족이 교통사고를 당한다든지 자기가 하고 있는 사업이 망한다든지 하는 것을 미리 안다는 것은 그리 행복하지는 않다. 결국 모든 것을 아는 사람이 그렇지 않은 사람보다 불리할 수도 있다.

철없는 사람들이 자동차를 타고 서로 마주보며 달려오는 치킨게임을 하는 장면이 나오는 영화가 있다. 이 게임을 하는 두 운전자는 서로 마주보고 달려오는데 먼저 옆으로 피하는 사람이 게임에서 지는 것이다. 이 게임에서 한 운전자가 절대로 비켜나지 않고 앞으로 돌진할 경우 상대방도 비켜나지 않으면 둘 다 죽기 때문에 아무도 이기지 못한다. 만일 한 운전자가 비켜난다면 그 운전자는 게임에서 지고, 두 운전자가 모두 비켜난다면 게임은 비긴다.

순간의 느낌에 따라서 비키든지 비키지 않는 전략을 사용한다면 경우에 따라 승리하기도 하겠지만, 상대방이 매번 비켜나지 않는다면 언젠가는 결국 죽게 될 것이다. 만일 상대방 운전자도 이런 방법을 택한다면 언젠가는 죽는다는 똑같은 결과를 얻게 된다.

이 치킨게임을 모든 것을 알고 있는 사람과 한다면 어떨까? 모든 것을 알고 있는 사람이 항상 승리할까? 결론은 그렇지 않다는 것이다. 오히려 모든 것을 알고 있는 사람은 상대방이 어떻게 나올 것인지 알기 때문에 그런 사실을 이용한다면 알고 있지 않은 사람이 게임을 이길 수 있다.

예를 들어 그가 자신의 모든 것을 알고 있는 마상진과 치킨게임을 한다면, 그는 절대로 비켜나지 않는 전략을 선택하는 것이다. 그러면 모든 것을 알고 있는 마상진은 그의 전략이 절대로 비켜나지 않으리라는 것을 알 테고, 따라서 매번 비켜나야 살 수 있다. 결국 모든 것을 아는 마상진은 절대로 그를 이길 수 없는 것이다.

그는 이 역설을 생각하며 마상진에 대하여 모르는 것이 좋을 수도 있을 것이라고 자위했다. 만일 세미나 팀의 일원이 마상진의 연구 내용과 결과를 모두 알고 있으며 그런 사실을 마상진이 알고 있다면, 위의 역설과 같이 세미나 팀은 오히려 마상진의 전략에 따라 움직일 수 있기 때문이다.

아스팔트 위에 계란을 깨 놓으면 금방 계란 후라이가 될 것 같은 열기도 9월이 되며 점점 나뭇잎 속으로 빨려들어 갔다. 9월이 지나며 여름의 더위에 맞서 당당했던 나뭇잎들은 지루한 싸움에 지쳐 진초록으로 변했고, 진초록은 푸르름에 지쳐 온통 울긋불긋하게 변하며 10월을 지냈다. 그도 잠시, 결국 잎은 맥없이 떨어지기 시작했고, 10월이 지나고 11월에 이르며 서서히 그렇지만 하루가 다르게 나무는 옷을 벗었다. 나무가 옷을 벗기 시작하는 캠퍼스는 10월을 지나 11월로 향하고 있었다.

그가 학위를 받고 강산대학교 수학과에 부임한지도 벌써 1년이 다 되어 갔고, 황원상은 아직 시간강사를 하며 기회를 엿보고 있었다. 김유상은 행렬에 대한 흐름을 이제 막 파악하게 되었고, 미국에서 돌아왔던 마상진도 지난 한 학기 동안 국내에 적응하며 몇 개 대학에서 시간강사로 강의를 하고 있었다.

11월 초가 되자 한국대학교 수학과에서는 선형대수학을 담당할 신임교수를 초빙한다는 광고를 일간지에 냈다. 요즘은 주로 인터넷을 많이 이용하지만 그때만하더라도 아직 인터넷이 활성화되지 않았기 때문에 신문에 광고를 냈다. 그래서 황원상과 같은 시간강사들은 11월초부터 아침마다 도서관에 들러 신문광고를 확인하는 것이 중요한 일과 중 하나였다. 한국대학교 수학과에서 교수를 초빙한다는 광고를 처음으로 접한 것도 황원상이었다.

어떤 대학교 어떤 학과에서 교수를 초빙한다는 광고가 실리면 박사학위를 가진 후보들이 움직이기 시작한다. 그들은 그 학과에 줄을 대서 가능성을 타진하는데, 반응이 신통치 않으면 원서를 접수해도 결과는 뻔했다. 또는 광고가 나오기 이전에 이미 후보자가 정해져 있는 경우도 허다했다. 이런 경우 교수를 초빙하려는 학과에서는 미리 후보자와 연락하여 내부적으로는 결정을 내려놓고 광고를 내기 때문에 아무리 뛰어난 후보자가 지원을 한다고 해도 교수로 임용되는 것은 거의 불가능에 가까웠다.

신임교수를 초빙한다는 광고가 나간 이후에 황원상과 그는 한국대학교 수학과로부터 아무런 연락을 받지 못했다. 황원상은 한재영 교수를 만나 어떤 상황인지 물어보았지만 별다른 대답을 듣지 못했다고 그에게 말했다. 이 뜻은 그와 황원상은 한국대학교 수학과에서 초빙할 교수의 후보가 아니라는 것이었다. 그래서 황원상은 한국대학교 이외에 다른 대학교에서 교수초빙 광고를 냈는지 매일 확인했지만 자신의 전공분야로 교수를 초빙한다는 광고는 찾을 수 없었다. 결국 황원상은 시간강사를 하며 교수가 되길 더 기다려야 하는 처지가 되었다.

이런 기다림은 기약이 없는 것이었다. 어느 경우에는 교수임용 지원서를 작성할 기회조차 주어지지 않는다. 우리나라에서 교수가 된다는 것은 바로 낙타가 바늘구멍에 들어가는 것과 같았다. 그들만의 법칙이 존재하는 곳. 그리고 그 누구도 그런 법칙에 저항할 수 없는 그들만의 방식대로 원하는 사람을 뽑는 그들만의 리그. 그것이 우리나라에서 교수가 되는 길이었다.

그는 우리나라에서 교수가 되는 어려움을 박사과정에 입학하고 얼마 지나지 않아서 열린 신입생 축하파티에서 들었다. 그 자리에 참석했던 수학과의 한동화 교수가 그에게 말했다.

"우리나라에서 교수가 되는 것은 복잡한 출근시간 지하철에서 자리를 잡고 앉는 것과 똑같아. 금방 내릴 것 같은 사람 앞에 섰는데 그 사람은 내리질 않고, 잠에 빠져 영영 내릴 것 같지 않은 사람이 깜짝 놀라 잠에서 깨며 바로 다음 정거장에 내려 자리를 비우기도 하지. 어떤 경우는 종점까지 가는 동안 줄곧 서서가는 경우도 있지. 박사과정에 입학하는 순간 자네는 그런 지하철을 탄 것이네. 그리고 그 지하철에서 자리를 잡고 앉는 것은 이제 자네의 몫이네. 언제 어디서 자리가 날지 모르니 항상 만반의 준비가 되어 있어야 하지."

당시 그는 한동화 교수의 이 말을 새겨두지 않았다. 황원상도 그랬을 것이다. 그런데 그는 지하철을 타자마자 자리에 앉은 것이고 먼저 타있던 황원상은 기다려도 내리지 않는 사람 앞에 서 있는 것이었다. 그리고 그 사람은 언제 내릴지 기약도 없었다. 하염없이 내리길 기도하거나 다른 사람 앞으로 옮겨 서 있는 수밖에 없는 것. 그것이 바로 한국에서 교수가 되는 길이었다.

12월 말이 되며 한국대학교 수학과에서 선형대수학을 담당할 교수 지원자들이 누구인지 하나 둘 윤곽이 나타났다. 소문에 의하면 하나같이 모두들 쟁쟁한 경력과 뛰어난 논문 실적을 갖추고 있다고 했다. 그런데 거기에는 마상진의 이름도 있었다. 마상진이 원서를 접수했다는 것은 이미 수학과 교수들과 어떤 협의가 있었음이 분명했다. 그리고 그 증거는 다음해 1월 말에 최종 합격자로 나타났다.

그렇게 마상진은 어렵지 않게 한국대학교 수학과 선형대수학 전공교수로 부임했다. 나중에 알려진 사실이지만 마상진은 다른 후보자에 비하여 연구 실적이 그리 좋지는 않았다. 하지만 한국대학교 수학과를 이끌고 있는 한재영 교수와 김동화 교수는 마상진이 미국에서 학위를 했고, 미국에서 돌아온 후에도 후배들을 잘 이끌며 세미나를 하고 있다는 것에 큰 점수를 주었다고 한다. 거기다가 마상진은 앞으로 세미나 팀을 이끌며 후배뿐만 아니라 자신도 좋은 논문을 낼 수 있을 것이라는 자신감을 그들에게 수시로 필역했다고 한다. 그런데 그가 밝힌 계획의 거의 대부분이 세미나에서 황원상과 그가 발표했던 것을 종합한 것이었다. 어쨌든 마상진은 지하철을 타자마자 운 좋게 금방 내린 사람의 자리에 앉게 된 것이었다.

그와 황원상은 마상진의 그런 처사에 기분이 매우 좋지 않았다. 하지만 이제 마상진은 자신들의 모교인 한국대학교 수학과 교수가 되었기 때문에 불만을 드러내놓고 말할 수는 없었다. 마상진이 한국대학교 수학과 교수가 되지 않기를 바란 사람은 사실 그도 황원상도 아니었다. 바로 김유상이었다. 마상진이 한국대학교 전임교수가 되면 자동으로 김유상의 박사과정 지도교수가 되기 때문이다. 이런 상황을 염려했던 김유상으로서는 우려가 현실로 바뀌자 적잖은 고민에 빠졌다. 하지만 흐름을 거부할 수 없는 김유상은 현실을 받아들이는 수밖에는 없었다.

이제 한국대학교의 선형대수학 세미나 팀은 완전히 마상진의 조정을 받게 되었다. 마상진은 교수가 되자마자 한국수학총회에서 개최하는 학술대회에서 연구결과를 발표하기로 했다. 학술총회는 4월 말에 있었는데, 그 학술대회에서 그도 황원상과 발표하기로 되어 있었다. 이들은 모두 선형대수학을 전공하고 있었기 때문에 선형대수학 분과에서 차례로 발표하게 되었다.

발표는 황원상, 그 그리고 마상진의 차례였다. 황원상의 연구결과는 선형대수학을 전공하는 사람들에게 매우 흥미로운 것이어서 많은 사람들이 관심을 갖고 듣게 되었다. 이어지는 그의 연구 결과도 독특한 것이어서 황원상과 마찬가지로 여러 사람으로부터 관심어린 질문을 받았다. 그런데 마지막 발표자로 나선 마상진은 자신이 연구했던 분야를 발표하며 현재 자신이 한국대학교 수학과 교수로 있으며 황원상과 그를 도와 연구를 진행하고 있다고 말했다. 황원상과 그는 마상진의 말에 황당함을 감출 수 없었다. 하지만 내막을 모르는 사람들에게는 마상진이 다양한 분야를 두로 연구하고 있다는 깊은 인상을 심어주기에 충분했다.

마상진은 그 이후부터 여기저기서 개최되는 크고 작은 학술대회나 연구 발표회의에서 자신이 그와 황원상을 이끌며 세미나를 진행하고 있고, 그 결과 둘은 많은 연구결과를 발표하고 있다고 자랑하고 다녔다. 그런 말을 들을 때마다 그와 황원상은 너무 불쾌했지만 그들로서는 사람들을 일일이 찾아다니며 그렇지 않다고 사실을 밝힐 수도 없었다. 그들을 빌어 자신의 존재감을 높인 마상진은 급속도로 한국수학총회에 이름을 알리기 시작했고, 약 1~2년 후에 그와 황원상 그리고 김유상은 한국수학총회의 회원들에게 '마상진의 꼬마들'로 불리게 되었다.

한국수학총회의 회원들이 그들을 '마상진의 꼬마들'이라고 부르게 된 것은 에미 뇌더라는 여성수학자와 관련이 있었다.

대수학의 발전과 관련해서, 영국학파의 선형대수학, 리, 클라인 등에 의한 변환군 또는 데데킨트, 힐베르트 등의 공리적 이론의 영향도 중요하지만, 특히 주목을 끈 것은 1920년대에 괴팅겐대학에서 지도적 역할을 수행하였던 에미 뇌더이다. 독일을 중심으로 하는 추상대수학은 슈타이니츠에 의하여 시작되었으나, 슈타이니츠와 힐베르트를 융합시키고, 데데킨트의 전통을 받아들여 현대의 추상대수학의 기초를 닦고, 대수적 위상기하학에 대한 대수학의 응용가능성을 제시한 것이 바로 여성 수학자 뇌더이다.

그녀는 일반적으로 여성 수학자 중에서 가장 위대하다고 여겨지고 있다. 그녀는 1882년 3월 23일에 독일의 에를랑겐에서 마르크스 뇌더의 첫째 딸로 태어났다. 아버지인 마르크스 뇌더는 에를랑겐 대학교의 뛰어난 수학자였다. 뇌더의 어린 시절은 심한 근시인데다가 용모도 그리 단정치 못한 말괄량이 소녀였다고 한다. 1889년에서 1897년 사이에 에를랑겐 주립여자학교에 다녔는데, 이곳에서 그녀는 프랑스어나 영어 등 어학에 관심이 있어 어학공부를 열심히 했다고 한다. 1900년 18세의 뇌더는 프랑스어와 영어의 교원 자격시험에 합격하였으며, 계속 공부하기 위하여 대학에 진학하고 싶어 했다. 그러나 당시 독일은 여성에게 대학 진학이 허락되어 있지 않았기 때문에 그녀는 하는 수 없이 1900년에 에를랑겐 대학의 청강생으로 입학했다. 그러다가 1903년 겨울에 괴팅겐대학에 가서 민코스키, 클라인, 힐베르트 등의 강의를 처음 듣고, 수학을 공부할 결심을 굳혔다. 바로 이 무렵 독일에서는 여성도 대학의 정규학생이 될 수 있게 되어, 1904년에 에를랑겐 대학의 정규학생이 되었다. 그러나 당시 뇌더가 속해 있던 철학부 제2부의 학생 47명 중 여성은 그녀 단 한사람뿐이었다.

그녀가 처음으로 가장 큰 영향을 받은 수학자는 대수학을 연구하고 있던 파울 고르돈이었다. 그녀의 아버지인 마르크스 뇌더 역시 친구인 고르돈과 마찬가지로 그 대학에서 대수학을 연구하는 교수였다. 그 대학에서 공부한 뇌더도 대수학자가 된 것은 당연한 것이었다. 당시 고르돈은 불변식론의 권위자였다. 그녀는 1907년 고르돈의 지도 아래 〈삼항 쌍 이차형식에 대한 완전한 불변계에 관하여〉라는 논문으로 박사학위를 받았다. 1910년 고르돈이 퇴임하자 소거이론과 불변량이론에 특히 관심을 가졌던 대수학자 피셔가 1년 후 그 자리를 계승하였다. 그가 뇌더에게 끼친 영향은 매우 컸고, 그의 지도 아래 그녀는 고르돈의 논문의 연산적 측면에서부터 힐베르트의 추상 공리적 접근까지 열심히 공부하였다.

에를랑겐을 떠난 후 뇌더는 괴팅겐에서 공부하였고, 1915년에 클라인과 힐베르트의 초청을 받아 괴팅겐대학으로 가게 되었다. 1917년에는 〈주어진 갈루아군을 가지는 대수방정식에 관하여〉라는 논문을 발표하였는데, 이것이 그녀의 추상대수학으로의 첫 출발이라고 할 수 있다. 그 당시 힐베르트는 뇌더를 강사로 승진시키려고 하였지만 자격요건이 구비되지 못하였다는 이유로 부결되고 말았다. 사실은 그 자격요건이

구비되지 못했다는 것이 그녀가 여성이라는 이유였기에 힐베르트는 대단히 화를 냈다. 그리고 이렇게 말했다.

"강사를 채용하는데 여성이 문제된다는 것이 나로서는 이해가 가지 않는다. 이것은 대학의 문제이지 목욕탕의 문제가 아니지 않는가?"

그녀는 여자 강사를 반대하는 몇몇 교수들의 반대를 극복하고, 1919년에 자격시험을 통과하였다. 그러나 그녀는 급료를 받지 못하는 강사였기 때문에 경제적으로 큰 고통을 받았다.

뇌더는 성품과 체격이 남성 같아서 괴팅겐대학 시절에 동료들로부터 '남자 뇌더'라는 별명이 붙여졌다고 한다. 이런 뇌더가 수학적 진가를 발휘하기 시작한 것은 중년 이후라고 여겨진다. 1921년에 그녀가 발표한 〈환에서의 이데알론〉은 추상대수학 분야에서 그녀의 진가가 발휘되기 시작한 것이며, 1927년에 발표한 논문 〈대수체 및 대수함수체에 있어서의 이데알론의 추상적 가설〉의 내용은 추상대수학의 기초를 확립하는데 크게 공헌하였다.

1922년 괴팅겐의 특별교수가 된 뇌더는 게르만 국가혁명의 강압으로 학술활동이 금지된 1933년까지 그 자리에 있었다. 이 당시 게르만 국가혁명은 수많은 학자들의 학술활동을 금지시켰다. 그 직후 독일을 떠난 그녀는 펜실베이니아에 있는 브라이언 모어 대학의 교수직을 얻었고, 프린스턴의 고등 연구소 연구원이 되었다. 그녀의 일생에 있어서 미국에 머물렀던 이 기간이 아마 가장 행복하고 가장 풍요로운 시기였을 것이다. 그녀는 창조력이 최고조에 달한 1935년 53세의 아까운 나이에 세상을 등졌다.

뇌더는 가난한 강사였고 교수법도 부족했지만, 추상대수학 분야에 뛰어난 업적을 남겼고 많은 학생들에게 수학적 영감을 주었다. 뇌더의 주위에는 세계 각국의 수 많은 청년 수학자들이 모여들었는데, 주위 사람들은 이 그룹을 '뇌더의 꼬마들'이라고 불렀고, 그들은 현대 추상대수학 발전에 지대한 공헌을 한 그룹으로 인정받고 있다.

한국수학총회 회원들은 뇌더의 경우와 마찬가지로 황원상, 그, 김유상도 마상진으로부터 수학적 영감을 받았고 마상진의 지도아래서 좋은 결과를 만들어 내고 있는 것으로 알았던 것이다. 그도 그럴 것이 황원상은 아직 교수 자리를 잡지 못하고 있었고, 그는 이제 막 문을 연 신생 대학교 수학과 교수이자 풋내기 박사였으며, 김유상은 이제 박사과정을 시작한 학생이었다.

학회 발표가 있은 후부터 마상진은 황원상과 그에게 그들의 연구의 방향과 진행과정을 수시로 물었다. 황원상은 아주 난해한 설명을 곁들여 마상진을 곤란하게 했지만 그는 마상진이 원하는 것을 직접적으로 설명해 주었다. 그래서 마상진은 점점 황원상보다는 그를 찾게 되었다. 그는 처음에는 이것도 기회라고 생각했다. 왜냐하면 그는 아직도 한국대학교 수학과 교수가 되려는 꿈을 버리지 않고 있었기 때문이었다.

세미나 팀원들이 '마상진의 꼬마들'이 된 그 해 여름에도 등줄기를 따라 흐르는 끈끈한 물줄기는 살갗을 간질이며 연신 흘러내렸고, 그 물줄기는 끊어지지 않는 명주실처럼 질겼다.

그가 강산대학교 교수가 된지도 3년째로 접어들었지만 연구실에는 아직 에어컨을 설치하지 않고 있었다. 그래서 그는 그날도 찌든 때를 빼기 위해 양은냄비에 넣고 펄펄 삶는 하얀 속옷의 몸부림과 같은 더위를 온 몸으로 느끼고 있었다. 그때 휴대전화의 벨소리가 울렸다.

"여보세요?"

"나다. 잘 있었어?"

"설 선배님!"

설동근이었다. 그가 설동근을 처음 만난 것은 대학에 갓 입학했던 신입생 때로 설동근은 대학원 졸업을 앞두고 있는 조교였다. 그는 대학에 입학하기 전부터 교수가 되는 것이 꿈이었기 때문에 교수가 되려면 어떤 노력을 해야 하고 어떤 것들을 준비해야 하는지 설동근에게 자주 물었다. 그리고 설동근도 교수가 되려고 준비하고 있었기 때문에 둘은 자연스럽게 가까워졌다. 그는 자신의 희망에 대한 상담뿐만 아니라 전공 내용 중에서도 모르는 것은 설동근에게 물어보곤 했다. 그때마다 설동근은 그에게 차분하고 솔직하게 상담에 응해주었으며 모르는 문제도 시원하고 명쾌하게 해결해 주었다. 그래서 그에게 있어서 설동근은 점차 수학과 선배 가운데 멘토를 넘어서 마치 신과 같은 존재로 바뀌게 되었다. 그는 설동근의 말이라면 팥으로 메주를 쑨다고 해도 믿었고, 설동근도 가장 아끼는 후배로 그를 꼽았다. 그러다가 그가 3학년 가을학기에 접어들었을 때 설동근은 미국으로 유학을 떠났다.

"나. 다음 달에 한국으로 들어간다. 대한대학교 수학과 교수로 가기로 했다."

"그곳은 사표를 내셨나요?"

설동근은 유학을 가서 얼마 있다가 바로 박사학위를 받고 미국의 한 대학교 수학과의 교수가 되었다. 그는 약 6년 정도 미국에서 교수를 하며 점점 향수병이 생기게 되었다고 했다. 그래서 한국으로 돌아오려고 했는데, 마침 대한대학교 수학과에서 교수로 와 달라는 연락이 왔다고 한다.

"선배님. 그런 뜻을 조금만 더 일찍 한국에 알리셨으면 한국대학교로 올 수도 있으셨을 것 같아요."

그는 마상진이 한국에 돌아온 것, 세미나 팀에 합류한 것, 그리고 한국대학교 수학과 교수가 된 일들을 마치 어린 딸이 엄마에게 오빠의 잘못을 이르듯이 낱낱이 이야기 했다. 물론 자기들이 뜻하지 않게 '마상진의 꼬마들'이라는 별명을 갖게 된 것도 이야기 했다. 그 말에 설동근은 웃었다.

"상진이라면 충분히 그럴 수 있지."

그리고 한 달 뒤에 설동근은 한국에 돌아왔고, 한국대학교에 인사차 왔었지만 마상진과는 의례적인 인사만 하고 돌아갔다. 마상진과 설동근은 같은 학번의 동기였지만 대학을 다닐 때부터 서로의 성격차이로 별로 친하게 지낸 사이는 아니었다. 게다가 이제 마상진은 설동근이 졸업한 한국대학교 수학과 교수였다. 그러니 마상진이 설동근에게 친절할 이유가 없었다. 오히려 마상진은 설동근과의 만남을 귀국보고를 받는 형식으로 취급했다.

5

나비효과

5 나비효과

대학에서 11월은 강의가 가장 많은 달이다.

어느 해든지 대학에서 1월과 2월은 방학이다. 개강을 하면 신입생 오리엔테이션과 강의 과목소개로 1주일은 정신없이 지나고 월말에는 대부분 학과에서 MT를 가기 때문에 3월은 금방 간다. 4월에는 1학기 중간고사가 있고 5월이면 어린이날과 석가탄신일이 있다. 그리고 어느 대학에서는 봄 축제가 펼쳐지고, 또 어느 대학에서는 체육대회가 열린다. 6월이 되면 학기말 시험과 방학이 시작되어 7월과 8월까지 이어진다. 8월 말이나 9월 초에 2학기 개강을 하면 9월의 첫 한 주도 정신없이 지나고 추석이 기다린다. 대개 추석은 9월이나 10월에 있으며 10월에는 개천절이 있고 2학기 중간고사도 있다. 경우에 따라서는 가을 축제와 체육대회도 있다. 그리고 12월이면 겨울방학이다.

그러나 11월은 국경일도 없고 학교행사도 거의 없기 때문에 토요일과 일요일만 쉴 뿐 꼬박 한 달을 쉬지 않고 강의를 하게 된다. 그래서 11월은 대학에서 가장 더디게 가는 달이기도 하다. 어떤 학생들은 11월에 진도를 가장 많이 나가기 때문에 2학기 기말고사의 시험범위가 많아져서 11월을 싫어하기도 한다. 사실 한 달 내내 쉬지 못하고 강의를 해야 하기 때문에 표를 내지는 않지만 교수들도 11월을 싫어하긴 마찬가지이다. 그러니 대학에서 일 년 열두 달 중 11월은 학생과 교수 모두에게 가장 선호도가 떨어지는 달이다.

하지만 11이라는 수는 수학적으로 의미가 있다. 우선 11은 최초의 두 자리 소수이자 쌍둥이 소수 가운데 세 번째이다. 오래 전부터 수학자들은 소수에 숨어있는 흥미로운 소재를 찾아내려고 노력해 왔다. 그런 소수 가운데 어떤 소수들은 둘 사이의 차가 2인 것들이 있는데, 우리는 그것을 짝을 이루는 소수라는 의미에서 쌍둥이 소수라고 한다. 이를테면 (3, 5), (5, 7), (11, 13), (17, 19), (29, 31) 등이 쌍둥이 소수이다. 처음에 쌍둥이 소수는 자주 나타나지만 소수가 커질수록 점점 나타나는 빈도수가 줄어든다.

그렇다면 쌍둥이 소수는 몇 개나 있을까?

우선 쌍을 이루는 소수들의 차이가 단 2라는 것은 두 개의 소수가 서로 가장 가깝게 접근할 수 있는 상한선이 2라는 것이다. 만약 두 소수 사이에 차이가 2보다 작은 1이라면 두 수 가운데 하나는 반드시 짝수 즉 2의 배수이기 때문에 소수가 될 수 없다. 따라서 두 수의 차가 2라는 것은 매우 엄격하고 까다로운 조건이다. 오랜 시간에 걸쳐 밝혀진 여러 가지 수학적 사실에 따르면 쌍둥이 소수는 무수히 많이 존재할 수 있다는 가설을 세울 수 있다. 하지만 아직까지 이 가설은 완벽하게 증명되지도 않았고, 그렇다고 가설이 옳지 않다는 증명도 되지 않은 상태이다.

수 11이 중요한 두 번째 이유는 2, 3, 9와 함께 배수를 찾기 쉽다는 것이다. 예를 들어 354294라고 하면 이 수는 마지막 자리의 숫자 4가 2의 배수이므로 원래 수 354294는 2의 배수이다. 이처럼 2의 배수 즉 짝수인지 아닌지 판별하는 것은 아주 쉽다.

어떤 수가 3이나 9의 배수인지 아닌지를 아는 방법은 각 자리수를 모두 더한 값이 3 또는 9로 나누어지는지를 알아보면 된다. 즉, 앞의 주어진 수에서 각 자릿수의 합은 $3+5+4+2+9+4=27$이고 27이 3의 배수이므로 원래 수는 3의 배수이다. 또 27은 9의 배수이기도 하므로 이 수는 9의 배수이기도 하다. 그러므로 수 354294은 2의 배수이자 3의 배수이고 동시에 9의 배수이다.

어떤 수가 11의 배수인지 아닌지를 판별하는 것도 2, 3, 9의 경우와 마찬가지로 쉽다. 현재 우리는 10진법을 사용하고 있기 때문에 10과 1 차이가 나는 11은 어떤 수의 일의 자리에서부터 거꾸로 더하고 빼기를 반복하여 얻은 값이 11의 배수이면 그 수는 11의 배수가 된다. 즉, 수 354294를 일의 자리부터 거꾸로 더하고 빼기를 하면 $4-9+2-4+5-3=-5$이고 -5는 11의 배수가 아니다. 따라서 이 수는 11의 배수가 아니다. 그러나 1571724는 $4-2+7-1+7-5+1=11$이고 11은 11의 배수이므로 수 1571724는 11의 배수이다. 이와 같은 방법으로 어떤 수가 11의 배수인지 아닌지를 쉽게 판별할 수 있으므로 11은 수학적으로 흥미로운 수이다.

그의 연구실은 5층에 있다. 강의실로 가기 위해 계단을 내려오며 11월에 대한 단상을 이어가는 사이 그는 어느 새 2층 강의실로 들어서고 있었다.

"오늘은 카오스에 대하여 강의하겠습니다."

카오스는 초기 그리스의 우주론에서 만물이 생겨나기 이전의 우주의 시원적 공허 또는 지하세계인 타르타로스의 심연을 가리키는 말로, 두 개념 모두 헤시오도스의 〈신통기 Theogony〉에 나온다. 헤시오도스의 신통(神統) 계보학에 따르면 맨 처음 카오스가 있었고, 그 다음 가이아와 에로스(땅과 욕망)가 있었다. 그러나 카오스가 가이아를 낳은 것은 아니며 가이아는 스스로 탄생했다. 카오스의 후예는 어둠을 뜻하는 에레부스와 닉스였다. 닉스는 밝은 공기인 아이테르와 낮을 낳았고, 나중에 꿈, 죽음, 전쟁, 기근과 같은 우주의 어둡고 무서운 부분을 낳았다.

이러한 생각은 카오스를 지하세계의 어둠으로 본 다른 고대적 관념과 결합되었다. 후대의 우주론에서 카오스는 일반적으로 만물의 본래 상태를 가리키는 개념이 되었다. 현대적 의미에서 카오스는 본래의 무질서하고 정형이 없는 덩어리이며 우주의 창조자는 바로 그 덩어리로부터 질서정연한 우주를 만들었다고 생각한다. 그래서 카오스 이론은 무질서하게 보이는 혼돈 상태에도 논리적 법칙이 존재한다는 이론이다. 이 이론의 연구 목적은 무질서하고 예측이 불가능한 현상 속에 숨어 있는 정연한 질서를 밝혀내어 새로운 사고방식이나 이해 방법을 제시하는 것이다. 그래서 무질서한 것처럼 보이는 경제나 기상 또는 여러 가지 물리적인 현상들과 천문학 분야에서 다양하게 응용되고 있다.

그는 카오스에 대하여 본격적으로 강의를 시작했다.

"카오스(Chaos)라는 말은 원래 그리스어에서 유래된 것입니다. 카오스의 원래 발음은 케이아스[ke'(i)as]이며, 보통 카오스는 질서를 나타내는 코스모스(Cosmos)와는 반대되는 의미로 '혼돈' 또는 '무질서'로 쓰이고 있습니다. 그러나 그리스 신화나 구약성서 등에서의 카오스의 어원은 '우주의 질서가 세워지기 이전의 무형의 공허'라는 의미로 사용되고 있습니다. 실제로 '카오스 학(Chaology)'은 18~19세기 신학에 나타나는 용어로 '천지창조 이전에 존재했던 것'을 연구하는 분야입니다."

"지금도 혼돈과 무질서를 연구하는 분야인가요?"

남주희였다. 그는 그녀를 볼 때마다 아무래도 전공을 잘못 택했다는 생각이 들곤 한다.

"그렇지 않습니다. 여기에서는 현대적인 '카오스 학'을 간단한 예를 통하여 소개할겁니다. 물론 이런 설명이 카오스를 정확히 이해하는데 있어 충분치는 않을 것입니다. 고전적인 카오스는 '우주의 질서'가 창조되었다는 의미를 가지는 것에 비하여, '결정론적 카오스(Deterministic Chaos)'라 불리는 현대적인 카오스는 단순한 혼돈이나 무질서가 아닌 거대한 '창조성'의 의미를 내포하고 있습니다. 그러나 카오스에 대하여 누구라도 이해할 수 있을 만큼 정확한 수학적 정의를 내릴 수는 없습니다. 혹자는 카오스를 이렇게 정의합니다.

「카오스란 어떤 체계가 확고한 규칙(결정론적 법칙)에 따라 변화하고 있음에도 불구하고, 매우 복잡하고 불안정한 행동을 보여서 먼 미래의 상태를 전혀 예측할 수 없는 현상이다.」

사실 이 정의도 카오스가 정확하게 무엇을 말하고 있는지를 충분히 설명하지는 못하고 있습니다. 왜냐하면 실제로, 세상의 거의 모든 일들은 규칙적이지 못하기 때문입니다. 그리고 만약 이 세상의 모든 일이 규칙적이라면 인생은 살만한 재미가 별로 없을 것입니다. 이제, 카오스에 대한 간단한 예를 들어보겠습니다."

그는 칠판에 남자와 여자 그림을 그리며 설명을 이어갔다.

"여기 사랑하는 젊은 남녀가 있습니다. 그 둘이 어느 날 심하게 말다툼을 하고 헤어졌습니다. 남자는 여자에게 먼저 자기의 잘못을 인정하고 화해하고 싶었습니다. 그래서 남자는 여자에게 편지를 한 통 보냈습니다. 이때 그 여인이 사과의 편지를 받고 나타내는 반응을 x 라고 할 때, 만약 남자가 10통의 편지를 한꺼번에 보내면 그 효과가 과연 $10x$ 가 될까요? 편지의 내용에 따라서는 1통의 편지로도 100의 효과를 거둘 수도 있고, 때로는 정 반대로 더 악화되는 효과를 가져 올 수도 있을 것입니다. 이처럼 세상은 규칙적이지 않습니다."

"하지만 10번 찍어 안 넘어가는 나무 없다는 말이 있잖습니까? 1통보다는 10통이 더 효과적이지 않을까요?"

남주희가 물었다. 가끔 그의 수업은 남주희와 그, 두 사람의 토론으로 변하는 경우가 있었는데, 그것이 다른 학생들에게 방해가 되기 때문에 그는 항상 그렇게 되지 않도록 염두하고 있었다. 그래서 그는 남주희의 질문에 답하지 않았다.

"카오스의 이론 중에는 기상학자 로렌츠가 이름 붙인 소위

'나비효과'라는 것이 있습니다.

「우리나라에서 한 마리의 나비가 날갯짓을 하여 일으키는 미세한 공기의 흐름이 태평양을 건너 미국대륙을 휩쓸어 버릴 정도의 태풍을 만들지도 모른다.」

원래는 브라질에서 나비가 날갯짓을 하면 미국에서 허리케인이 발생한다는 것이었지만 여러분의 이해를 돕기 위하여 우리나라로 바꾸었습니다. 이것은 실로 엄청난 결과입니다. 이 이론은 초기 조건에 따라 시간이 지나면서 결과가 크게 확대된다는 것이므로 일기예보는 어느 정도 카오스적이라고 할 수 있습니다. 그러나 기후의 동력학이 실제로 카오스적인지에 대하여는 아직까지도 분명하게 밝혀지지 않았습니다."

남주희는 무엇인가 묻고 싶어 하는 듯했지만 그는 그녀가 질문할 틈을 주지 않고 강의를 이어갔다.

"최근에 나비효과에 대한 흥미로운 연구결과가 일간지에 게재 된 적이 있었습니다. 자동차들이 고속도로를 시속 100km라는 같은 속도로 달리고 있을 때, 한 대의 자동차가 무심코 브레이크를 살짝 밟았다 놓으면 그 지점에서부터 약 30km 뒤에서 진행하고 있던 차들은 완전히 서게 된다는 것입니다. 이것이 실생활에서 일어나는 나비효과이고, 이런 경험은 다들 한두 번씩은 있을 것입니다. 교통사고가 났거나 공사 중이지도 않은데 차가 막히는 경우가 바로 이와 같은 이유 때문입니다.

위의 두 가지 예로 살펴보면 일반적으로 생각하는 '원인'과 '결과'를 비례관계로만 생각할 수 없다는 것을 짐작할 수 있을 것입니다. 사실 우리가 살고 있는 이 세상은 '카오스적'입니다. 이것은 '결과'가 '원인'에 비례하지 않는 세계라는 의미이기도 합니다. 즉, 세상의 거의 모든 현상은 '선형(비례관계)'이 아니라 '비선형'이라는 것입니다. 그러므로 카오스 이론에 의하면, 먼 미래를 현재의 상태로는 예측할 수 없게 됩니다."

"교수님. 이해가 잘 되지 않는데요. 혹시 좀 더 쉽고 구체적인 예를 들어주실 수 있으세요?"

결국 남주희에게 기회를 준 그는 그녀의 질문에 짧게 답할 예를 재빠르게 생각해야 했다. 처음부터 그는 내심 그녀가 질문을 하지 않았으면 하는 생각을 하고 있었다. 그것은 그녀의 질문이 강의 전체를 산으로 이끄는 경우가 많기 때문이었다. 물론 그것이 그녀의 잘못은 아니었다. 전적으로 그의 잘못이었다. 남주희가 한 질문의 요점만 답을 하면 되지만 그에게 그것은 쉬운 일이 아니었다. 그는 질문에 대한 답을 할 때면 꼬리에 꼬리를 물고 나오는 새로운 사실들을 학생들에게 모두 설명해 주었고, 결국 본론에서 벗어난 강의는 어느 덧 산을 향해 오르고 있을 때가 종종 있었다. 그래서 가능하면 짧고 명료한 답이 필요했다. 그리고 오늘도 그녀의 질문이 예상되었기에 답을 빨리 생각해야 했다.

"그럴까요. 나비효과는 많은 예가 있습니다. 나비효과에 대한 정확한 예는 아니지만 나비효과와 같이 초깃값의 작은 변화에 따라 그 결과가 어떻게 차이가 나는지에 대한 예를 들어보겠습니다."

그는 지구와 지구주위를 돌고 있는 인공위성을 칠판에 그렸다.

"지상으로부터 600km 상공을 비행하는 인공위성을 띄운다고 가정해 봅시다. 인공위성이 지상으로 떨어지지 않으려면 최소한 초속 7.9km로 날아야 하기 때문에 초속 8km로 날도록 설계된 인공위성이 있다고 하면 그 인공위성은 지구 둘레를 원운동하게 됩니다. 지구의 반지름이 약 6400km이므로 인공위성은 지상에서 600km 위인 약 7000km 상공을 날게 됩니다. 결국 인공위성은 반지름의 길이가 7000km인 원의 둘레를 1초에 8km씩 이동하게 됩니다.

이제 인공위성이 지구 한 바퀴를 도는데 걸리는 시간을 계산해 봅시다. 원주율 π를 3.14로 계산하면 반지름의 길이가 7000km인 원의 둘레는 $2\pi r = 2 \times 3.14 \times 7000 = 43960$km가 됩니다. 즉, 인공위성은 이 원을 한 바퀴 도는데 $43960 \div 8 = 5495$초가 걸립니다."

그는 칠판에 자세하게 식을 써가며 인공위성에 관련된 내용을 설명해 주었다. 지금까지 말로만 수업이 진행되었기 때문에 수학사가 수학 관련 수업인지 아닌지 얼핏 보아선 알 수 없었다. 그러나 카오스를 설명하며 그림과 계산이 많아지자 학생들의 연필은 칠판과 그의 설명에 따라 춤을 추고 있었다. 그는 설명을 이어갔다.

"이번에는 원주율 π를 좀 더 정확하게 3.1415로 계산하면 인공위성이 움직이는 원의 둘레는 $2\pi r = 2 \times 3.1415 \times 7000 = 43981$km입니다. 이 경우에 인공위성은 지구를 한 바퀴 도는데 $43981 \div 8 = 5497.625$초가 걸립니다. 따라서 같은 궤도를 돌고 있는 인공위성이 지구를 한 바퀴 돌때마다 원주율을 3.14로 계산하는 경우와 3.1415로 계산하는 경우에 거리는 약 21km, 시간은 2.625초 차이가 나게 됩니다. 이는 인공위성이 지구를 한 바퀴 돌때마다 원래 있어야 할 위치보다 21km 뒤에 있다는 것입니다. 인공위성이 초속 8km로 지구 주위를 하루에 약 15회에서 16회 돌기 때문에 결국 하루에 약 320km 차이가 납니다. 이처럼 원주율을 3.14로 계산했을 경우와 3.1415로 계산했을 경우와는 확연히 차이를 보이게 됩니다. 비록 3.14와 3.1415의 차이는 $\frac{15}{10000}=0.0015$로 아주 미세하지만 원주율의 이 미세한 차이를 생각하지 않는다면 우리는 발사 하루 만에 인공위성의 위치를 찾지 못하게 될 것입니다. 처음에는 별 것 아니라고 생각했던 아주 미세한 차이가 매우 큰 차이의 결과로 나타난 것입니다. 이와 같이 처음에는 아주 미세한 차이지만 그 결과로 나중에는 엄청난 차이가 난다는 것이 바로 나비효과입니다."

수학사 강의를 수강하는 학생들은 역사과목이라서 계산이 필요 없다고 생각하고 있었다. 그도 그렇게 생각하고 있었지만 꼭 필요한 경우는 계산을 자세하게 해 주는 편이 학생들의 이해를 돕는 것이라고 생각했다. 그리고 바로 이번의 경우가 그런 경우였다. 그래서 그는 나비효과를 눈으로 볼 수 있도록 그림도 그리고 계산도 꼼꼼하게 해 주었다.

계속해서 그는 나비효과를 설명하며 영화로 화제를 돌렸다. 물론 그가 말하려는 영화는 오늘의 강의주제와 관련이 있는 것으로, 강의를 위하여 그가 이미 여러 번 보았던 영화이다.

"나비효과는 영화의 소재로도 사용되었습니다. 2004년 미국에서 '나비효과(The Butterfly Effect)'라는 영화가 제작되었으며 대강의 줄거리는 이렇습니다.

「주인공인 에반은 어릴 적 겪었던 끔찍한 사건 때문에 기억을 잃게 된다. 그에게 남아 있는 것은 기억의 파편들과 상처 입은 친구들뿐이었다. 에반은 잃어버린 기억을 되찾기 위해 정신과 치료를 받으며 매일매일 일기를 썼다. 세월이 지나 대학생이 된 에반은 어느 날 예전의 일기를 꺼내 읽다가 일기장을 통해 시공간의 이동통로를 발견하게 된다. 그는 이 통로를 이용하여 과거로 되돌아가 어린 시절의 끔찍했던 일과 친구들에게 닥친 끔찍한 불행들을 고치기로 마음먹는다. 그러나 과거의 한 사건을 살짝 고쳐 놓고 현재로 돌아오면 현실에서는 원래의 상태보다 더욱 충격적인 일이 벌어져 있었다. 그것을 바로잡기 위해 다시 과거로 돌아가게 되지만 현실은 전혀 예상하지 못한 파국으로 치닫게 된다.」

이 영화는 흥행에 크게 성공하며 2006년과 2009년에 속편이 만들어졌습니다."

"교수님. 영화의 결말이 어떻게 되는지 궁금한데 더 설명해 주실 수 있으세요?"

"궁금한가요? 그렇다면 여러분들이 직접 확인해 보십시오."

그날 수업은 그렇게 끝났다.

수업을 마친 그는 물먹은 스펀지처럼 연구실 의자 깊숙이 기대앉았다. 의자에 앉았다기보다는 의자에 빨려 들어갔다는 표현이 더 어울릴 것 같았다. 3시간의 강의가 끝나면 쓰러질 듯이 힘이 빠진다. 3시간을 그냥 대화하는 것과 강의하는 것의 차이는 아마도 밭에서 잘 자란 파를 금방 뽑은 것과 그것으로 김치를 담은 파김치 상태의 파와 같을 것이다. 3시간 전의 기운은 이제 그에게 남아 있지 않았다. 그래서 그런지 연구실 창으로 보이는 11월의 하늘은 10월의 하늘과는 다르게 보였다. 10월의 하늘이 잘 드는 과도라면 11월의 하늘은 일본도와 같이 섬뜩하고 날카로워 보였다.

"따르릉~"

"예."

"저 조교입니다. 편지가 왔는데요."

"그래. 가져다주겠니?"

조교는 전화를 끊자마자 그에게 편지를 가져다주었다. 편지는 한국수학총회에서 온 것이었다. 그는 그것이 한국수학총회 회장에 출마한 사람들의 약력과 출마의 변이 담겨져 있다는 것을 직감했다.

한국수학총회의 회장 선거는 2년마다 한 번씩 이루어진다. 회장에 출마하고 싶은 사람은 그해 9월에 회장 출마의 소견과 약력을 한국수학총회에 접수한다. 말하자면 가을의 시작과 함께 선거가 시작되는 것이다. 왜 9월부터 시작되는지 그는 잘 알지 못했지만 이 규칙은 한국수학총회가 결성된 이후 지금까지 계속되고 있는 전통이다. 그리고 9월은 그가 가장 좋아하는 달이기도 했다.

9월이 오기 전부터 해변에서는 벌써 이별이 시작된다. 산과 숲이 무성했던 녹음의 옷을 서서히 벗어 던지며 지루했던 무더위와 이별을 하기 시작하는 9월이 오면 우리는 결실이라는 새로운 만남을 준비한다.

지구의 북반구에 살고 있는 우리에게 9월은 가을의 시작이다. 대개 9월부터 11월까지 석 달 동안을 가을로 여기는데, 경우에 따라서는 대략 9월 23일 경인 추분부터 12월 21일 경인 동지까지를 가을이라 하기도 하고, 절기로는 8월 8일인 입추에서 11월 7일 경인 입동까지를 가을이라고도 한다. 어떻게 계산하던지 9월은 10월과 더불어 가을임에 틀림없으며 우리나라에서 가장 좋은 날씨를 자랑하는 시절이다.

9월의 9는 수학적으로도 중요한 의미를 가지고 있다.

수 9는 한 자리 수 1, 2, 3, …, 8, 9 가운데 가장 큰 수이기 때문에 고대 수철학자들은 9를 '종착역' 또는 '완성에 이르는 곳'이라고 불렀다. 또한 수철학자들은 9는 더 이상 넘을 수 없는 한계이자 극한의 경계이며 1부터 9까지의 한 자리 수 각자가 가지고 있는 철학적 원리들이 도달하여 세상에서 발현될 수 있는 궁극적인 최대 범위라고 생각했다. 그래서 고대 그리스인들은 9를 '지평선'이라고도 불렀다. 이와 같은 9의 본질적인 속성은 오랜 세월 동안 우리에게 속담이나 이야기로도 전해지고 있다. 예를 들어, 넘기 힘든 어려움이나 고난은 '아홉구비 고개'라고 하며, '꼬리가 9개 달린 여우'인 구미호는 끝내 여우의 한계를 넘지 못했기 때문에 인간이 되지 못했다.

흔히 9월부터 시작되는 가을을 독서의 계절이라고 하며, 독서를 하는 이유를 마음의 양식을 얻기 위함이라고 한다. 하지만 책읽기는 마음의 양식을 얻는 것뿐만 아니라 수학을 잘하게 되는 비법이기도 하다. 그가 자주 받는 물음 가운데 하나는 '어떻게 하면 수학을 잘 할 수 있나?'이다. 그럴 때마다 그는 서슴없이 '책을 읽으세요.'라고 대답한다. 수학이라고 하면 계산하고 문제를 풀어 답을 구하는 것으로 알고 있는데, 뜬금없이 책을 읽으라니? 질문한 상대방은 어리둥절해 하기도 한다.

하지만 수학의 본질을 알면 책을 읽는 것이 수학에서 얼마나 중요한지 알게 된다. 수학의 본질은 논리적 사고력을 바탕으로 문제해결 능력을 키우는 것이다. 사실 수학은 수학문제를 해결하는 방법과 과정을 활용하여 실생활에서 접하게 되는 여러 가지 문제를 해결할 수 있도록 하는데 목적이 있다. 실생활의 많은 문제들은 수학문제를 풀듯이 한 단계씩 차례를 밟아야 쉽고 완전하게 풀리며, 이런 능력을 기르는 과목이 바로 수학이다.

실생활에서 당면한 문제를 해결하기 위해서 가장 먼저 해야 할 일은 자신이 처한 상황을 이해하는 것이다. 자신이 현재 어떤 상황에 놓여 있으며, 어려운 점은 무엇이고, 반드시 해결해야 할 것이 무엇인지 정확하게 이해하고 있다면 문제는 쉽게 해결된다. 수학도 마찬가지이다. 주어진 문제가 무엇을 어떻게 풀라는 것인지 정확하게 이해하고 있다면 답을 구하는 것은 아주 쉽다. 즉, 두 경우 모두 이해력이 중요한 역할을 한다.

그리고 이해력을 높이는 가장 좋은 방법은 바로 책을 읽는 것이다. 독서를 하면 감성이 풍부해질 뿐만 아니라 이해력도 커진다. 사람들은 독서를 통하여 책 속에서 전개되는 이야기의 맥락을 잡으며 이야기 속에 빠져들게 되는데, 이런 과정이 바로 책에서 펼쳐지는 이야기의 상황을 이해해 가는 과정이다. 따라서 많은 책을 읽다보면 자신도 모르게 점점 이야기를 이해하는 능력과 속도가 빨라지게 되고, 결국 수학도 잘 하게 되는 것이다.

책읽기에 대한 이런 그의 생각은 비단 그 혼자만의 주장은 아니다. 한국교육개발원이 발표한 연구보고서에 의하면 우리나라 고등학교 1, 2학년생 중 자타가 공인하는 공부를 잘하는 학생의 특징을 5가지로 정리했는데, 첫째 어려서부터 책을 즐겨 읽었고, 둘째 공부는 스스로 알아서 자기 주도적으로 하며, 셋째 학원 의존율이 낮고 도서관이나 집에서 혼자 공부하고, 넷째 공부를 즐거워하며, 다섯째 소설이나 신문 등 무엇이든 읽기를 좋아한다는 것이다. 즉, 공부를 잘하는 학생들의 공통점은 머리가 좋다는 것이 아니라 읽기를 좋아한다는 점이다. 한마디로 공부를 잘하려면 글 읽기를 좋아하고 또 글을 잘 읽어야 한다는 것이다.

그래서 9월에 그는 항상 책을 사러 서점에 들른다. 비록 매년 새해에 책을 읽기로 결심하고 그 결심을 바로 실행에 옮기지 못하지만, 그나마 9월에라도 그는 책을 산다. 9월이 지나도 1년이 끝나려면 아직 3달이나 남아 있다. 그래서 무슨 일이든 9월부터 시작해도 늦은 것은 아니며, 시작이 반이라는 말이 있듯이 9월에 시작했어도 이미 반은 실천한 것이다.

늦었지만 9월의 첫 날, 아니 첫 주말에 그는 항상 가까운 서점에 들러 책을 사는 것으로 아름다운 9월을 시작한다. 짧은 봄이 지나고 긴 여름동안 그의 가슴 깊이 곱게 키우던 사과나무에서 맛있는 햇사과를 따는 기분으로 책을 산다. 어려운 철학서도 사고, 부담 없이 읽을 수 있는 만화도 산다. 그는 9월의 시작과 함께 그의 손에 들려 있는 책들이 1년 중 남아있는 시간을 넉넉하게 해 줄 것이라고 굳게 믿고 있었다. 그는 한 입 베어 물면 새콤하고 달콤하게 번지는 상큼한 사과의 맛! 그것이 바로 책읽기라고 생각했다. 그래서 그는 가을이 오는 9월에는 누구나 그런 사과를 맛보았으면 좋겠다고 입버릇처럼 말하곤 했다.

그는 편지봉투를 열었다. 회장후보는 모두 네 명이었고, 마상진은 기호 3번이었다. 그는 어차피 찍을 후보가 정해져 있었기 때문에 나머지 세 후보의 약력과 출마의 변은 거들떠보지도 않았다.

이　　름 : 마상진
출생년도 : 1958년 8월 13일
출신학교 : 한국대학교 수학과 졸업, 미국 아이오와주 세인트
　　　　　암브로스 대학교 이학박사

그는 마상진의 이력을 훑어보다가 생일이 8월 13일임을 처음 알았다. 그가 태어난 날과 시간은 5월 8일 13시 21분이었다. 신기하게도 5, 8, 13, 21은 차례로 피보나치 수였다. 연속된 피보나치 수는 뒤로 갈수록 황금비에 가깝기 때문에 그는 수에 특별한 의미가 있다는 중세 수철학자들의 주장을 항상 생각하고 있었다.

중세 수철학자들은 거의 대부분이 가톨릭 수도원의 수도사들이었기 때문에 종교적 신앙과 수를 곧 잘 연결하였다. 그들에게 수학은 보이는 세계와 보이지 않는 세계를 잇는 다리였다. 그들은 신과 자연을 이해하기 위해서 뿐만 아니라 눈으로 보이는 물리적인 세계로부터 영구불변하게 존재하는 세계로 사람들의 마음을 돌리기 위해서도 수학을 이용했다.

그들의 이런 주장의 근거는 고대 그리스의 수학자인 피타고라스로부터 시작되었다. 피타고라스는 제자들에게 수학을 통하여 편안하고 깨끗한 마음을 가질 수 있게 했고, 궁극적으로 훈련을 통하여 진정한 행복을 경험할 수 있게 했다. 그래서 고대 그리스 사람들은 수를 통한 영혼의 정화를 주장한 피타고라스의 가르침을 실천하는 그의 제자들을 '모든 것을 연구하는 사람들'이라는 뜻으로 '마테마테코이(mathemathekoi)'라고도 불렀다. '마테마(mathema)'는 '일반적인 배움'을 뜻하며, '깨닫다'라는 뜻의 고대 영어 mathein과 '깨우치다'라는 뜻의 고대 독일어 munthen의 어원이 되었다. 오늘날 수학(math)이라는 단어는 세속적인 측량과 양들을 다루는 분야를 가리키는 제한적인 의미로 사용되고 있는데, 이것은 우리가 의식하지 못하는 사이에 광범위한 통찰력이 폭 좁은 전문 지식으로 바뀌게 된 것이다.

피타고라스는 서로 보완적인 관계에 있는 실재하는 것과 그렇지 않은 모든 것들의 궁극적인 실체를 수를 사용하여 설명했다. 다시 말하면, 실재하는 것들은 공간적 물리적 존재성을 가지고 있으면서 동시에 순수하게 추상적인 근본형식의 원리를 가지고 있는데, 바로 순수하고 근본적인 원리와 같은 영원불변하는 것들을 수를 사용하여 설명했다. 수의 성질과 기하학을 깊이 연구하면 외부의 자연이나 인간의 본성은 겉보기처럼 뒤죽박죽이 아니라는 것이다. 피타고라스에 의하면 그런 것들은 수와 기하학의 질서정연함과 그 속에 내재되어 있는 수와 기하학의 속성과 같이 우리 내부의 심리적 구조와 신성한 영혼의 구조에 관해 알 수 있다는 것이다.

또한 피타고라스는 수와 수학적 방정식을 이용하여 그의 가르침을 전문화했다. 그는 수를 이용하여 지식을 상징하는 방법과 말이나 글에 의한 방법을 비교했다. 그래서 피타고라스는 단지 언어는 공통적인 사고방식을 교환하는데 필요하고 숫자는 영원불멸한 형태를 이해하고 영혼을 이끄는 힘을 가졌다고 가르쳤다.

요즘 수학을 배우는 학생들에게 피타고라스는 이집트에서 머무르는 동안 마스터했던 기하학적 업적으로 가장 잘 알려져 있다. 그 중 가장 대표적인 것은 직각삼각형에서 '피타고라스의 정리'로 일컬어지는 내용이다. 그러나 피타고라스에게 있어서 기하학은 철학의 한 분야이자 지식탐구를 위한 분야였다.

"원래 형태대로 주어진 역할을 하는 것은 참된 것이 아니다."

라는 것은 그가 자주 하던 말이다. 이것으로 보아 그가 기하학을 공부하는 목적은 영혼을 높은 수준으로 올리기 위한 것이지 단지 물질로부터 얻은 감각적인 것을 다루는 것은 아니었다는 것을 알 수 있다. 그래서 그는 가장 기초적인 공리로부터 시작하여 새로운 분야를 건설했고, 그의 제자들은 이것을 형이상학적으로 접근하여 우아하고 강력한 철학적 개념들을 개발시켰다. 그는 이런 방법으로 전에는 알려지지 않았던 다양한 지식을 연구하고 그 체계를 세울 수 있었다.

수학에 관한 형이상학적 접근을 위해 중세 수철학자들은 피타고라스의 이와 같은 주장을 근거로 처음 10개의 수들에게 특별한 철학적 의미를 부여했다.

예를 들어 피타고라스는 하나를 뜻하는 모나드를 자연 속에서 물리적 특성을 가지고 있는 숫자 1과 모든 창조물의 원천으로 원래의 단일성을 구체화하는 관념이라고 주장했다. 이것은 불, 흙, 공기 그리고 물이라는 원소의 조합으로 이 세계가 이루어졌다는 이전의 그리스 철학자들의 이론에 도전하는 혁명적인 가르침이었다. 사실 그는 정의와 영혼 그리고 이성과 같은 철학적 사상뿐만 아니라 4원소들이 모두 수라고 가르쳤다. 피타고라스는 이들 서로간의 작용을 이해하여 미래를 예언하는 기술과 인간과 신들이 완벽하게 교감할 수 있는 기술을 발전시켰다.

마상진의 이력서를 보며 중세 수철학자를 떠올릴 수밖에 없는 것은 그와 마상진의 생일에 나타난 수 때문이었다. 그의 손에 들려있는 마상진의 생일은 8월 13일이었다. 그리고 $\frac{13}{8}=1.625$로 황금비율 1.618에 가까웠다. 하지만 그의 생일은 5월 8일 13시 21분이었다. 수철학적으로 본다면 그의 생일 가운데 가장 좋은 비율은 $\frac{21}{13}$이었고 이 값은 약 1.615였다. 황금비율에 무척이나 가까운 값이다. 그에 비하면 마상진의 그것은 약간 떨어지는 값이었다. 그는 마치 중세 수철학자들과 같은 생각으로 자신의 생일과 마상진의 생일을 비교해 보았다.

'태어난 시간까지 하면 내가 더 황금비율에 가깝군.'

그는 지금까지 생일에서 피보나치 수가 자신과 같이 딱 들어맞는 사람을 만나본 적이 없었다. 그래서 그는 자신의 생일을 가끔 자랑하곤 했다. 그럴 때마다 주변 수학자들은 놀라움을 금치 못했기 때문에 그는 마상진의 생일 8월 13일은 우연히 8과 13만 맞은 것이라고 생각했다.

가끔 그는 자신도 중세 수철학자가 아닌가 하는 자문을 하곤 한다. 별 의미 없는 숫자놀음에 불과한 것들로 인생을 이야기한다는 것이 우습기도 했지만, 한편으로는 철저한 논리에 의하여 이성적으로 판단하고 생각해야 하는 수학자로서 스스로가 너무 미신적이라고 생각하곤 했기 때문이다.

'난 피타고라스가 아니지. 공연히 수에 얽매일 필요는 없어.'

그는 스스로 위안하며 회장 후보들의 이력서가 든 봉투를 책상위에 던졌다. 그리고 우면산에서의 결심을 되 뇌이며 11월의 햇빛을 받고 있었다.

'그래. 인생은 카오스적이라 미래를 예측할 수는 없어. 내가 개척하는 것이지.'

6

미궁

6 미궁

한국수학총회 회장에 입후보한 사람들은 각자 자신의 전공 분야에서 뛰어난 사람들이었다. 그도 그럴 것이 한국수학총회는 수학분야에서 우리나라를 대표하는 학회이다. 이 학회의 회장이 된다는 것은 학문적인 권위도 있어야 하고 그에 걸맞는 인품도 있어야 했다.

한국수학총회의 회장은 우리나라뿐만 아니라 세계 모든 나라에서 VIP이다. 그래서 우선 회장에 입후보하려면 그에 걸맞는 연구 실적이 있어야 하는데 국제적인 논문집에 적어도 50편 정도의 논문은 발표해야 가능했다. 그런데 마상진이 그 회장에 도전한 것이다.

그는 마상진의 약력에 나열되어 있는 연구 실적을 훑어보았다. 마상진의 약력에는 모두 55편의 연구논문이 적혀 있었다. 그는 55라는 수에 마음이 걸렸다. 55. 55는 10번째 피보나치 수였고, 9번째 피보나치 수 34나 11번째 피보나치 수 89와 이 수의 비율을 구하면 황금비에 매우 가깝다. 그는 마상진의 이력서에 피보나치 수가 많다는 것을 특이하게 생각했다. 그런데 마상진의 약력을 살펴보던 그는 마상진에게 단독논문이 없다는 것을 알게 되었다.

수학 논문은 다른 학문 분야와는 다르게 논문을 보통 혼자 쓰는 경우가 많이 있다. 실험이 많은 학문분야의 경우 그 실험에 참여한 사람들을 모두 논문의 공동 저자로 이름을 올린다. 그래서 한 논문에 적게는 대여섯 명부터 많게는 수십 명의 저자 이름이 기록되어 있다. 그러나 수학 논문은 혼자 쓴 단독논문이거나 많아야 네다섯 명이다. 보통 두 명에서 세 명이 가장 많다. 마상진의 약력에 있는 55편의 논문 가운데 그의 이름이 함께 있는 것이 13편이었다. 그는 마상진이 한국에 돌아와 세미나 팀에 합류한 이후에 꾸준히 마상진과 공동논문을 발표했다. 거기에는 그의 어떤 계산도 있었지만 마상진의 적극적인 접근으로 이루어진 것이었다.

그는 자신과 마상진이 공동으로 발표한 13편의 논문목록을 훑어보았다. 그 논문들은 한때 그가 자신의 꿈을 이루기 위해 어찌 보면 마상진에게 충성의 맹세로 스스로 바친 것들과 진배없는 것들이다. 목록을 보던 그는 자신이 마상진의 이름을 넣어 준 논문이 마상진을 회장 후보로까지 만들었다는데 헛웃음밖에 달리 할 것이 없었다.

이력서를 보는 그의 손에는 어느 덧 따듯한 커피가 들려 있었다. 그는 커피를 좋아 했는데, 특히 생각에 잠길 때면 한 잔의 커피는 그를 무한한 상상의 세계로 인도했다. 그리고 가끔은 커피향이 지나온 날들로 그를 데려다 주기도 했다. 오늘 그의 연구실을 가득 채운 커피향은 그를 마상진의 이름을 논문에 처음으로 올리던 때로 보내고 있었다.

마상진은 한국대학교 수학과 전임교수가 되자마자 황원상을 연구실로 불렀다. 마상진의 태도는 이미 달라져 있었다.

전임교수가 되기 전에는 그래도 황원상을 뛰어난 후배로 인정하며 감탄과 칭찬을 많이 했다. 그러나 전임교수가 되자마자 마상진은 황원상을 마치 자신이 지도하고 있는 학생과 같이 대했다.

"똑! 똑!"

"들어오세요."

황원상이 마상진의 연구실 문을 열고 들어가자 마상진은 황원상을 보는 둥 마는 둥 하며 컴퓨터 화면에 집중하며 말했다.

"앉으시오."

마상진의 연구실은 창이 서쪽으로 나 있었고 새로 단 버티컬 블라인드가 쳐져있었다. 마상진의 연구용 책상은 창문 옆에 바싹 붙어 있었고, 그 책상 위에는 새로 구입한 최첨단 컴퓨터가 돌아가고 있었다. 마상진이 이 책상에 앉으면 오른쪽에 블라인드가 쳐진 창이 있었다. 그리고 그의 뒤편에는 책장이 놓여있었는데, 책장은 아직 채워지지 않고 있었다. 마상진이 앉은 왼쪽으로는 연구용 책상과 수직으로 회의용 책상이 놓여있고, 회의용 책상 밑에 몇 개의 의자가 있었다. 그리고 이 회의용 책상 앞으로는 화이트보드가 벽에 달려 있었다. 황원상은 화이트보드를 보며 의자를 빼서 앉았다. 마상진은 연구용 책상에 앉아 황원상에게 말했다.

"그래. 요즘 연구는 잘 되가오?"

"뭐 그럭저럭."

"내가 인터넷으로 며칠을 검색하여 찾은 논문이 있소. 이 논문이 황선생이 연구하는 3차원 공간에서 움직이는 예측 가능한 어떤 입자들을 특징 짓는데 많은 도움이 될 것 같소."

"감사합니다."

황원상은 마상진이 구했다는 논문을 받아들고 대충 훑어보았다.

"이런 논문은 구하기 쉽지 않소. 이 논문을 자세히 읽고 다음 주에 그 내용에 대하여 발표를 한 번 해 보시오."

"뭐 그러죠."

"그리고 나도 황선생의 연구 분야에 관심이 많소."

"예."

마상진은 황원상에게 공동연구를 에둘러 제안하고 있었다. 황원상은 마상진이 유학가기 전부터 마상진을 알고 있었다. 마상진은 황원상이 학부 학생이었을 때 대학원 석사과정이었으며 석사과정을 마치는 2년 동안 황원상의 담당조교였기 때문에 황원상은 마상진의 성격을 어느 정도 알고 있었다. 그래서 황원상은 마상진이 한국대학교 수학과 전임교수가 되고 변한 태도에 대해 다른 후배가 이러쿵저러쿵할 때에도 별 말이 없었다. 다만 그는 후배들이 마상진에 대하여 이야기 할 때 그저 긴 한숨만 쉴 뿐이었다. 그런데 마상진이 황원상에게 공동연구를 제안한 것이었다. 황원상은 마상진의 숨겨진 의도가 무엇인지 궁금했지만 순간적으로 그의 제안을 거절해야 한다는 것을 알았다. 그래서 아무 말도 하지 않았다.

황원상은 마상진의 연구실을 나와 곧바로 자신의 연구실로 돌아왔다. 한국대학교 수학과에는 대학원생들만 모여서 연구하는 연구실이 따로 있었다. 이 연구실은 마상진의 연구실과는 반대로 동쪽으로 창을 내고 있었다. 그러나 동쪽 창문은 햇빛을 가리기 위해 블라인드 대신 커다란 종이를 창문에 붙여놓았다. 황원상의 자리는 종이를 붙여놓은 틈으로 밖을 내다볼 수 있는 창의 옆자리였다.

얼마 전까지 그도 황원상과 함께 이 연구실을 사용했었다. 그가 강산대학교 수학과 교수로 부임한 이후 그가 사용하던 자리는 김유상이 사용하고 있었다. 황원상이 들어오자 김유상은 기다렸다는 듯 황원상에게 물었다.

"왜 불렀대요?"

"논문을 구했다고 읽어보라네."

"도움이 되는 논문인가요?"

"이건 이미 잘 알려진 내용이지. 어째든 다음 주에 이걸 발표해야겠다."

황원상은 마상진이 준 논문을 책상위에 던졌다. 사실 그가 이 논문을 읽은 것은 이미 일 년 전이었다. 그런 논문을 마상진은 자신이 어렵게 찾은 최신논문이라며 황원상에게 주었던 것이다. 그만큼 마상진은 황원상이 연구하는 분야에 대하여 젬병이었다.

종이를 붙인 창문 틈으로 들어오는 3월의 햇살은 포근했지만 황원상의 마음은 아직도 2월을 벗어나지 못한 듯 춥기만 했다. 아마도 그가 강산대학교로 가고 난 이후 이런 마음은 더 해진 것 같았다.

"김선생. 오늘 맥주나 한잔 합시다."

황원상은 긴 한숨을 토해냈다. 그날 황원상과 김유상은 마상진에 관해 이야기하며 이러구러 하는 동안 어느새 술이 그들을 마시고 있었다.

일주일은 빨리 지나갔다.

"황선생. 지난주에 내가 준 논문을 발표해 보시오."

황원상은 마상진의 말에 칠판 앞으로 나와서 지난주에 마상진이 건네준 논문의 내용을 설명하기 시작했다. 전체적으로 논문의 내용은 쉬웠고 별로 흥미로운 것도 없었다. 논문의 내용을 간단히 요약하면 일상생활에서 활용되는 어떤 기록들은 수학적으로 예측할 수 있다는 것이었다.

기록이라면 일기도 있고 가계부도 있으며 100m 달리기의 기록도 있을 것이다. 그러나 수학자들이 관심을 갖는 기록은 가장 작은 것, 가장 큰 것, 가장 많은 것, 가장 적은 것 등과 같은 최소 또는 최고 기록들이다. 그런데 이런 기록들은 그 기록을 바탕으로 좀 더 좋은 기록이 나타나며 시간이 지날수록 점점 향상된다. 즉, 기존의 기록에 독립적이지 않으며 향상되는 것이다.

그러나 기존 기록과는 독립적으로 발생하는 기록도 많다. 이를 테면 연간 최대 강수량이나 태풍의 발생 횟수 그리고 최근 몇 십 년 동안 서울의 최고 기온과 같은 것들은 그 전에 나타났던 기록과는 무관하게 나타나는 것이다. 그리고 이와 같은 매 사건이 이전 사건들과 무관한 독립사건이라는 가정으로부터 최소 또는 최고 기록이 나올 확률을 알 수 있다는 것이 황원상이 읽은 논문의 내용이었다.

그 논문에서는 그런 상황을 서울의 연간 강수량으로 예를 들어 설명하고 있었다.

앞으로의 최고 강수량을 예측하기 위하여 최근 몇 년간 강수량을 측정한다고 할 때, 측정을 시작한 첫 해의 강수량은 측정한 햇수가 처음이기 때문에 최고 기록이다. 서울의 2년차 강수량이 직전 해인 1년차 강수량과 무관하다면 2년차 강수량이 1년차 강수량보다 많을 확률과 그렇지 않을 확률은 각각 $\frac{1}{2}$이다. 따라서 측정을 시작한 처음 2년 동안에 강수량이 최고 기록을 보인 햇수에 대한 기댓값은 $1+\frac{1}{2}$이다.

3년 동안 각 해의 강수량이 최고 기록일 경우는 모두 (1, 2, 3), (1, 3, 2), (2, 1, 3), (2, 3, 1), (3, 2, 1), (3, 1, 2)로 6가지이다. 이 가운데 3년차가 최고 강수량을 기록하는 경우는 (3, 2, 1)과 (3, 1, 2) 두 가지이다. 즉, 3년차에 최고 강수량을 보일 확률은 6가지 가운데 2가지이므로 $\frac{2}{6}=\frac{1}{3}$이다. 따라서 3년 동안에 최고 기록을 보인 햇수에 대한 기댓값은 $1+\frac{1}{2}+\frac{1}{3}$이다.

4년 동안 각 해의 강수량이 최고 기록일 경우는 모두 24가지이고, 이 가운데 4년차가 최고 강수량인 경우는 (4, 1, 2, 3), (4, 1, 3, 2), (4, 2, 1, 3), (4, 2, 3, 1), (4, 3, 2, 1), (4, 3, 1, 2)로 모두 6가지이다. 즉, 4년차에 최고 강수량을 보일 확률은 $\frac{6}{24}=\frac{1}{4}$이다. 따라서 4년 동안에 최고 기록을 보인 햇수에 대한 기댓값은 $1+\frac{1}{2}+\frac{1}{3}+\frac{1}{4}$이다.

이런 방법으로 계속해 나가면 n년 동안에 강수량 최고 기록을 보인 햇수의 기댓값은 $H(n)=1+\frac{1}{2}+\frac{1}{3}+\frac{1}{4}+\cdots+\frac{1}{n}$ 임을 알 수 있다. 이와 같은 수열 1, $\frac{1}{2}$, $\frac{1}{3}$, $\frac{1}{4}$, $\cdots$, $\frac{1}{n}$ 을 조화수열이라고 한다. 그리고 $H(n)$은 이 조화수열의 제n항까지의 합이다. 조화수열의 흥미로운 점은 항들이 늘어날 때마다 그 합 $H(n)$은 아주 느리게 증가한다는 것이다. 예를 들어 $H(1)=1$, $H(2)=\frac{3}{2}=1.5$, $H(3)=\frac{11}{6}=1.883$, $H(4)=\frac{25}{12}=2.083$과 같다.

이 조화수열의 합은 최고 강수량을 기록할 햇수를 예측하게 해 준다. 예를 들어 이 공식을 우리나라의 5000년 역사에 적용해 보자. 5000년 동안 우리나라 어느 지역의 강수량에 적용하면 $H(5000)=9.0945$이다. 따라서 5000년 동안에 강수량 최고 기록을 낸 연도가 약 9개 있으리라고 기대할 수 있다.

이런 사실을 이용하면 전 세계에서 발생하고 있는 태풍과 폭우피해를 예측할 수 있다. 그러나 오늘날 지구 온난화로 이와 같은 예측에 의한 강수량이 최고에 해당하는 년도는 아주 흔하게 나타나고 있다. 따라서 처음에 연간 강수량이 서로 독립적으로 발생한다는 가정에 모순이 생기는 것이므로 강수량과 같은 기후는 어떤 무작위하지 않은 체계적 경향의 일부라는 결론을 내릴 수 있다. 그러므로 기후는 예측 가능하다는 것이 황원상이 읽은 논문의 내용이었다.

"어떻소? 황선생이 연구하고 있는 분야와 깊은 관련이 있지 않소?"

황원상의 발표에 마상진은 매우 흥미롭다는 반응을 보였다.

그러나 정작 논문을 발표한 황원상은 별로 신기해하지 않고 있었다. 왜냐하면 기후의 경우는 이미 카오스 이론에 의하여 무질서 속에 질서가 있기 때문에 예측 가능하다는 결론이 발표되었기 때문이었다. 그러나 마상진은 그런 내용을 알지 못하고 있는 듯 했다.

"그럼 이 논문에서 다음에 생각해 볼 수 있는 문제가 뭐요?"

"글쎄요. 잘 모르겠습니다. 혹시 교수님께서 좋은 아이디어가 있으시면 말씀해주세요."

"난 요즘 좀 바빠서 미처 생각해보지 못했소. 황선생이 다음에 더 생각해 보고 와서 말해보시오. 다음 주는 신 선생이 발표할 차례요?"

"그렇습니다."

그는 웅얼거리듯 대답했다.

"그래, 뭐 생각해 놓은 게 있소?"

"아직 없습니다. 전 그냥 제가 하던 것을 계속하고 있습니다. 그런데 요즘 막혀서 문제를 해결하지 못하고 있습니다."

"어쨌든 다음 주에 한 번 발표해 보시오."

3월 말의 캠퍼스는 본격적으로 봄을 알리는 시절이다. 한국대학교의 교문을 들어서 약 50미터쯤 가면 대운동장을 끼고 돌아가는 작은 오솔길이 있다. 한국대학교의 봄은 이 길을 따라 늘어선 개나리로부터 시작된다. 그래서 그는 한국대학교 수학과에 입학하여 학부과정을 마치는 4번의 봄마다 개나리가 필 때면 수업을 제쳐두고라도 이 길을 괜스레 거닐곤 했었다. 그러나 석사과정을 시작하며 함께 시작된 조교생활과 수업 그리고 졸업논문을 완성해야 하는 바쁜 생활 때문에 그 길은 그에게서 자연스럽게 서서히 멀어져갔다.

그런데 오늘, 그가 차를 타고 교문을 통과하면서 개나리가 활짝 핀 것을 보았다. 그는 차에서 내려 마상진의 연구실과는 반대편에 있는 그 오솔길로 향했다. 잠깐이라도 10년 전인 대학 초년생으로 돌아가고 싶다는 생각이 들었기 때문이었다.

개나리는 물푸레나무 과에 속하는 낙엽관목으로 우리나라 거의 모든 곳에서 자란다. 키는 대개 3미터 정도이다. 개나리의 나뭇잎은 타원형으로 마주나고 잎 가장자리는 톱니처럼 생겼다. 개나리의 노란색 꽃은 통꽃이나 꽃부리의 끝이 4갈래로 갈라졌고 잎이 나오기 전에 꽃이 먼저 피는 것이 특징이다. 모든 식물은 꽃이 피면 반드시 열매를 맺는데 개나리도 예외는 아니어서 열매를 맺는다. 개나리의 열매는 계란 모양이거나 약간 편평하고 끝이 뾰족하며 9월에 익고, 열매 안에 들어 있는 씨는 흙색으로 날개가 달려 있다.

하지만 개나리는 봄을 알리는 전령으로만 알고 있을 뿐, 정작 개나리가 그 긴 여름의 무더위를 견뎌가며 영글게 만들어 놓은 열매를 본 사람은 그리 많지 않을 것이다. 사람들은 식물이 열매를 맺기 위한 치열한 과정과 노력을 찬양한다. 그리고 열매의 떫고, 시고, 달고, 맛있음만을 생각한다. 그러나 개나리는 그렇지 않다. 개나리는 그저 노란 꽃만 있을 뿐, 심지어 개나리가 열매를 맺는다는 사실조차 알지 못하는 경우가 더 많다. 그래서 개나리의 열매는 잊힌다.

게다가 개나리라는 이름에는 사연이 있다. 개나리는 원래 나리에 접두사 개가 붙은 것이다. 우리나라 말 가운데 좋지 않은 것에는 접두사 개를 붙이는 것이 많다. 나리꽃은 나리꽃인데, 작고 좋지 않은 꽃이라고 해서 나리에 개가 붙은 것이다. 나리는 백합을 일컫던 말이었다. 백합꽃처럼 생겼지만 좋지 않은 백합꽃과 같아서 생긴 이름이 바로 개나리이다. 비록 이름과 열매에서 천대받고 무시당하지만 개나리가 피기 시작하면 봄이 옴을 느끼게 된다.

오솔길이 거의 끝나갈 무렵 그는 누군가 자기 뒤를 따르고 있다는 것을 알았다. 뒤를 돌아보니 황원상이었다.

"신교수. 뒤에서 그렇게 불렀건만 대답이 없어?"

"죄송합니다. 몽상에 잠겨서 못 들었습니다. 여긴 웬일이세요?"

"신교수야말로 여긴 웬일인가?"

"학부 때 가끔 이 길을 걷곤 했었어요. 개나리가 너무 흐드러지게 펴서 발길이 이곳으로 자연스럽게 이어졌네요."

"하하하. 나도 그렇다네."

둘은 잠깐 동안 말없이 걸었다. 그러다가 황원상이 그에게 말했다.

"신교수."

"예."

"미궁을 아나?"

"미궁이면 그리스 신화에 나오는 그 미궁을 말씀하시는 건가요?"

"그렇다네. 바로 테세우스가 미노타우로스를 물리친 바로 그 미궁."

미궁은 그리스 신화에 등장하는 최고의 발명가 다이달로스가 크레타 섬의 왕이었던 미노스의 명령으로 만들었다. 다이달로스가 누구이던가? '땅 위의 헤파이스토스'라는 이름을 얻고 있을 정도로 손재주가 좋은 발명가였다. 다이달로스라는 이름은 '쪼아서 만드는 자' 또는 '손재주가 좋은 자'라는 뜻이다. 다이달로스는 원래 여신 아테나의 도시인 아테네 사람이었다. 지혜의 여신인 아테나는 자기 도시에 다이달로스 같은 사람이 있다는 것이 자랑스러웠다. 그래서 여신은 자신의 신전인 파르테논신전의 한 귀퉁이를 다이달로스에게 빌려주고, 자신이 인간을 위해 올리브나무를 주었듯이 사람을 위해 요긴한 것을 만들어주라고 당부했다.

다이달로스는 이곳에서 펼 수도 있고 접을 수도 있는 돛, 내리막길에서 브레이크를 걸 수 있는 수레, 자루 구멍이 있는 도끼 대가리 같은 것을 만들어 그 이름값을 했다. 다이달로스는 건축과 목공과 철공에 두루 능했다. 그런데 다이달로스는 자기 업적에 지나칠 정도의 긍지를 느끼는 사람이어서 자기와 어깨를 겨룰 수 있는 사람이 있다는 것을 견딜 수 없어 했다. 그런 그에게 강력한 경쟁자가 생겼다. 그것도 아주 가까운 사람으로.

다이달로스의 제자 중에는 기계 기술을 배우라고 보낸 누이의 아들 페르디코스가 있었다. 페르디코스는 재주가 뛰어난 아이인데다 공부에 놀라운 관심을 나타내었다. 어느 날은 해변을 걷다가 물고기의 등뼈를 주워, 그것을 견본으로 철판을 잘라 톱을 만들었다. 또 그는 도자기를 빚는 녹로도 고안해 냈다.

더욱이 어린 천재는 수학적으로도 매우 중요한 일을 해냈다. 두 개의 쇳조각을 붙이고, 그 한 끝은 못으로 고정한 다음 반대편 끝은 뾰족하게 갈아 두 조각을 다시 벌려 원을 그리는 컴퍼스를 발명하기도 했다. 이 컴퍼스의 발명이야말로 수학의 역사에 있어서 매우 중요한 일대 사건이었다. 컴퍼스의 발명이 없었다면 훗날 인류는 기하학은 꿈도 꾸지 못했을 것이다.

컴퍼스의 첫 번째 기능은 원을 그리는 것이다. 그리고 또 다른 기능은 일정한 길이를 다른 곳으로 옮기는 것이다. 그러나 이는 단순히 컴퍼스의 기능적인 면만을 생각한 것이다. 고대인들에게 있어서 컴퍼스는 우주를 재단하는 중요한 도구 중 하나였다. 이와 같은 고대인들의 생각은 동양에서도 마찬가지였다.

어쨌든 다이달로스는 어린 조카의 발명을 질투하게 되었다. 그는 무엇인가를 보여 주겠다며 어린 조카를 바닷가로 데리고 나갔다. 페르디코스에게 거리 재는 방법을 일러 주겠다는 것이었다. 그리스 사람들은 그때 이미 지구가 둥글다는 것을 알고 있었다. 다이달로스는 그의 조카에게 문제를 하나 냈다.

"여기 절벽 위에 서 있는 너와 바다 저쪽 수평선까지의 거리를 딱 절반으로 나눈 지점이 어디쯤 될 것 같은지 알겠니?"

페르디코스는 금세 답했다.

“지구는 둥글게 굽어 있고, 제가 바라보는 시선은 지구의 굴곡과 만나는 접선을 이루게 돼요. 그리고 원근법으로 인해 생기는 착시적인 축소현상 때문에 원래의 먼 거리가 우리 눈에는 훨씬 가깝게 보일 거예요. 그걸 고려한다면, 이 거리의 이분 지점은 수평선이 있는 지점과 거의 일치하지요”

이 말을 들은 다이달로스는 조카의 영리함과 풍부한 지식, 누가 봐도 명백한 천재성에 놀라움을 금치 못했다. 결국 다이달로스는 질투심에 이끌려 페르디코스를 벼랑 아래로 떨어뜨렸다. 그러나 발명하는 재주를 총애하는 아테나 여신이 그것을 보고는 페르디코스를 메추라기로 변신하게 했다. 그 이후로 메추라기는 높은 곳에 둥지를 틀지도 않고 높이 날지도 않는다고 한다.

이 일로 다이달로스는 살인죄로 아테네 법정에 불려 나갔다. 그는 유죄 판결을 받았고, 아테네 시민으로서는 최악의 벌인 추방령에 처해졌다. 당시에 아테네 사람들은 크레타 사람들을 미개한 사람들로 여겼기 때문에 그는 결국 크레타 섬으로 쫓겨났다. 아들 이카로스와 함께 섬에 도착한 그는 왕과 그 가족들의 명을 받들며 살게 되었다.

당시에 크레타 섬을 다스리고 있던 왕은 제우스의 아들인 미노스 왕이었다. 그의 왕비인 파시파에는 태양신 헬리오스의 딸이었으니 매우 잘 어울리는 한 쌍이었다. 최고의 신인 제우스의 아들이었으므로 미노스 왕은 올림포스의 신들에게 제물을 잘 바쳤다. 그런데 바다의 신인 포세이돈에게는 제물을 바치지 않았다. 어느 날, 화가 난 포세이돈이 나타나 미노스 왕에게 그 이유를 물었다.

"크레타 섬은 사방이 바다로 둘러싸여 있는데 어찌하여 바다의 신인 나에게는 제물을 바치지 않는 것인가? 당장 흰 황소 한 마리를 바쳐라."

"포세이돈님. 용서해 주십시오. 제물을 바치겠습니다. 그런데 이 섬에는 흰 황소가 없습니다."

그러자 포세이돈은 삼지창으로 흰 파도를 몰아와 흰 황소로 만들어 주었다.

그런데 포세이돈이 만들어준 흰 황소가 탐이 난 미노스 왕은 흰 소 대신에 마른 황소를 재물로 바쳤다. 하지만 바다의 신이며 올림포스의 이인자인 포세이돈이 이 일을 모를 리가 없었다. 그래서 포세이돈은 아주 특별한 방법으로 미노스 왕을 혼내 주기로 결심했다. 포세이돈은 왕비 파시파에로 하여금 이 황소를 사랑하게 만들었다. 황소를 너무나 사랑하게 된 왕비는 자신이 암소가 되어 황소의 곁에 있고 싶어졌다.

흰 황소와 깊은 사랑에 빠져있던 왕비는 무엇이든지 만들 수 있을 정도로 손재주가 좋은 다이달로스를 불러, 자신이 황소를 사랑한다는 말을 하고 어떻게 했으면 좋을지 물었다. 왕비가 불쌍해진 다이달로스는 인간으로서 만들지 말아야했던 것을 만들고 말았다. 다이달로스는 왕비를 위하여 왕비가 들어갈 수 있는 암소모양을 만들어 황소와 같이 지낼 수 있게 해 주었다.

결국 왕비는 미노타우로스라는 괴물을 낳게 되었는데, 사람과 황소가 사랑하여 태어난 이 괴물은 머리는 황소모양이고 몸통은 사람과 같았다. 이 미노타우로스는 외모뿐만 아니라 성격도 포악한데다 사람들을 마구 잡아먹고 다녔다. 이 괴물의 처리를 놓고 고민하던 왕은 다이달로스를 불렀다.

“방법이 있겠는가? 비록 괴물일지라도, 내 아내가 낳았으니 나에게도 아들인 셈이다.”

다이달로스가 말했다.

“감옥을 만들어서 가두면 됩니다.”

그래서 미노스 왕은 다이달로스에게 명했다.

“그렇다면 아무도 빠져 나올 수 없는 미궁을 만들어라. 만약 누군가가 그 미궁에서 빠져 나온다면 너와 너의 아들인 이카로스를 그 미궁에 대신 가둘 것이다.”

이리하여 솜씨 좋은 다이달로스는 아무도 빠져 나올 수 없는 미궁인 라비린토스를 만들고, 그곳에 미노타우로스를 가두었다. 이렇게 가두긴 했지만 미노타우로스에게 먹이를 주어야 하는 문제가 남아 있었다. 이 괴물이 먹어 치우는 양도 상당했지만 좋아하는 먹이가 사람이기 때문이다. 결국 미노스는 이 괴물에게 살아있는 먹이를 마련해 주기 위해 전쟁을 일으키기로 했다. 그는 제일 먼저 아테네로 진격했다. 이 도시를 정복해 거기에서 젊은 남녀를 포로로 잡아오려는 속셈이었다. 결국 아테네는 미노스 왕에게 정복당했고, 크레타에 매년 젊은 남자와 여자를 각각 7명씩 바치게 되었다. 이들은 바로 미노타우로스의 먹이가 되었다.

그러나 괴물은 영웅에 의해 퇴치되게 마련이다. 또한 다이달로스가 만든 미궁에서 아무도 빠져 나오지 못했다면 그리스 신화는 재미가 없었을 것이다. 이 미궁을 빠져 나온 사람은 모두 세 명이었는데, 맨 처음 빠져 나온 사람은 당시 아테네 최고의 영웅인 테세우스였다. 그는 미로에 들어가 미노타우로스를 죽이고 무사히 미궁을 빠져 나왔다. 그가 미로를 무사히 빠져 나올 수 있었던 것은 이 나라의 공주인 아리아드네가 다이달로스를 졸라서 알아낸 미로의 탈출방법을 테세우스에게 알려주었기 때문이었다. 공주는 테세우스를 사랑하여 다이달로스로부터 알아낸 미로 탈출 방법인 실타래를 테세우스에게 전해주었다. 이로부터 '아리아드네의 실타래'라는 말이 나왔는데, 이는 복잡하게 얽힌 어떤 일이 해결되는 계기가 되는 일을 뜻하게 되었다.

어째든, 미노스는 누가 딸에게 실타래라는 묘안을 알려 주었는지 이미 알고 있었다. 그런 방법을 알고 있는 사람은 이 세상에 단 한 명, 다이달로스 밖에는 없었다. 미노스는 처음의 약속대로 다이달로스와 그의 아들 이카로스를 미궁에 가두기로 했다.

"너를 네 아들과 함께 라비린토스 안에 가두겠다. 네가 만든 미궁에서 어떻게 빠져 나오는지 한번 보자."

다이달로스는 매우 정교하게 이 미궁을 만들었지만, 정작 본인은 설계도를 머릿속에 남겨두지 못했다. 다이달로스와 아들 이카로스는 꼼짝없이 갇혀 버리고 말았다. 머리 위에는 그들이 죽기를 기다리며 새들이 맴돌고 있었다. 그런데 이 새들이 어지간히 배가 고팠던지, 요란스레 날개 짓을 해대는 바람에 깃털들이 우수수 떨어져 내렸다. 다이달로스는 깃털을 주워 모았다.

솜씨 좋은 재주꾼이었던 다이달로스는 하늘에서 떨어진 깃털을 모두 모으고 라비린토스 안 모퉁이마다 꽂혀 있는 초를 녹여 그 밀랍으로 깃털을 하나하나 붙여 자기와 아들 이카로스가 쓸 날개를 만들었다. 날개를 만들 때 다이달로스가 초를 이용한 것이 아니라, 벌집에서 밀납을 채취하여 만들었다는 기록도 있다. 어쨌든 그들은 날개를 완성했다. 이로써 이들은 미궁을 탈출한 나머지 두 사람이 되었다. 그러나 이들은 테세우스처럼 걸어서 탈출한 것이 아니고 하늘을 날아서 탈출했다. 날기 전에 다이달로스는 아들에게 말했다.

"아들아. 고도를 잘 유지해라. 너무 낮게 날면 날개가 습기에 젖고, 너무 높게 날면 태양의 열기에 녹아떨어지게 된다. 내 곁에만 있으면 안전할 것이다."

그러나 하늘을 날아서 미궁을 탈출한 다이달로스의 아들 이카로스는 나는 것에 너무 자신을 가진 나머지 태양에 너무 가깝게 다가가 밀납이 녹아서 떨어져 죽고 말았다. 그 이후로 자기의 분수를 모르고 지나치게 자만하는 경우를 '이카로스의 날개'라고 한다.

아들을 잃은 다이달로스는 다시 날아서 시칠리아 섬으로 갔다. 시칠리아의 왕 코칼로스는 다이달로스를 크게 환영했다. 마침 목욕탕이 필요했던 왕은 그 일을 다이달로스에게 부탁했다. 다이달로스는 땅 속에서 솟아 나오는 증기와 물을 이용하여 아주 멋진 새 목욕탕을 만들었다. 그런데 다이달로스는 미노스 왕이 자기를 찾고 있다는 것을 알고 있었기 때문에 시칠리아 섬에서 조용히 지내고 있었다. 그러나 미노스 왕도 바보는 아니어서 한가지 꾀를 생각해 냈다. 그는 그리스 전역에 이런 방을 냈다.

"크레타의 미노스 왕인 내가 수수께끼를 하나 내겠다. 구불구불한 빈 소라껍데기 속에 실 한 가닥을 넣어 꿸 수 있는 사람에게는 후한 상을 주겠다."

그런데 이 문제를 맞힌 것은 바로 시칠리아섬의 왕인 코칼로스였다. 미노스왕은 비록 왕이 답을 맞혔지만 이런 문제를 풀 사람은 오직 하나 다이달로스밖에 없다는 것을 알고 있었다. 미노스왕은 결국 군대를 이끌고 시칠리아로 가서 코칼로스를 만나 대뜸 말했다.

"다이달로스를 내놓으시오."

하지만 이 왕도 다이달로스를 내놓고 싶지 않았다. 왕은 미노스를 다이달로스가 만들어준 목욕탕으로 안내했다. 코칼로스왕은 미노스를 목욕탕에 들여보내고 미노스가 목욕을 하고 있는 동안 갑자기 뜨거운 물을 쏟아 부었다. 결국 눈부신 크레타문명을 일으킨 역사적인 인물이기도 한 미노스는 뜨거운 물에 데어 죽고 말았다.

그리스인들은 뛰어난 건축물이나 발명품이 대부분 다이달로스의 손을 거친 것이라고 생각했다. 그는 시칠리아 섬에 살면서 아라본 강의 저수지를 만들기도 하고 아프로디테 신전의 회랑, 황금으로 만든 벌집 모양과 아교, 도끼, 나선형 끌, 접는 의자 등을 만들었다. 다이달로스의 최고의 작품은 뭐니 뭐니 해도 아무도 빠졌나올 수 없게 만들었던 미로일 것이다. 다이달로스로부터 시작된 미로로부터 오늘날 수학의 한 분야인 위상수학이 더욱 그 범위를 넓히게 되었다.

황원상과 그는 천천히 걸으며 이야기하는 동안 어느새 세미나가 열리는 강의실까지 왔다. 황원상은 강의실에 들어가려던 발걸음을 멈추며 그에게 말했다.

"난 우리 모두 마상진 교수의 미궁에 갇힌 게 아닌가 하는 생각이 들어."

"무슨 말씀이신지요?"

"마교수에게 우리는 미노타우로스에게 주는 먹이에 불과해. 결국 우리는 미궁을 빠져 나오지 못하고 괴물의 먹이가 되는 것이지."

"그래도 미궁을 탈출한 사람이 셋이나 있지 않습니까?"

"그래. 그러려면 우리는 아리아드네의 도움을 받은 테세우스가 되든지, 스스로 탈출한 다이달로스가 되어야 하겠지."

그는 혼자말로 중얼거렸다.

'아리아드네와 테세우스. 다이달로스.'

황원상이 세미나실 문을 열자 김유상이 혼자 있었다. 황원상과 그가 도착하자 김유상은 마상진을 부르러 갔다. 곧 이어 마상진이 도착하자 그는 발표를 시작했다. 오늘 그가 발표하는 내용은 '황금 위임 조건'이란 것이었다.

두 명의 후보자가 입후보한 어떤 선거에서 당선자는 m표를 얻었고 낙선자는 n표를 얻었다고 가정하자. 이때 유효 투표수는 $m+n$이고, 당선자의 득표율은 $\frac{m}{m+n}$이다. 이때 낙선자가 이의를 제기하지 않고 선거에 깨끗하게 승복하며, 당선자가 유권자들로부터 권한을 확실하게 위임받았다고 생각할 수 있는 경우는 당선자의 득표율 $\frac{m}{m+n}$이 당선자 득표수 대비 낙선자 득표수 $\frac{n}{m}$보다 커야 한다. 즉, $\frac{m}{m+n} > \frac{n}{m}$.

그는 이 부등식을 '황금 위임 조건'이라고 했다. 그런데 이 부등식을 정리하면 $m^2 > n(m+n) = mn + n^2$이다. 이 식에서 m을 미지수로 생각하여 $m^2 - nm - n^2 = 0$의 근을 근의 공식을 사용하여 구하면 $m = n\left(\frac{1+\sqrt{5}}{2}\right)$이다. 따라서 위의 부등식이 성립하려면 $\frac{m}{n} > \frac{1+\sqrt{5}}{2} \approx 1.618$이어야 하는데, 바로 이 비율이 황금비율이기 때문에 그는 위의 조건을 '황금 위임 조건'이라고 했던 것이다. 다시 말해 당선자의 득표율이 61.5%보다 높은 경우 권한을 확실하게 위임받은 것이라는 이론이다.

그가 이 논문을 발표하는 동안 마상진은 고개를 끄덕일 뿐 말이 없었다. 발표가 끝나자 마상진이 입을 열었다.

"그래. 더 생각해 볼 문제는 뭐요?"

"더 고려해야 할 것은 많지만 이 결과는 이 정도에서 마무리하여 논문으로 작성하려고 합니다."

"그 논문을 투고하려고 정해놓은 저널은 있소?"

"아뇨. 아직 정하지는 않았습니다."

"그럼 세미나가 끝나고 잠깐 내 연구실로 오시오. 다음 발표는 누가 하겠소?"

그러나 아무도 대답이 없었다. 그도 황원상도 그리고 김유상도 별로 발표하고 싶지 않았다. 그리고 차례로 따진다면 마상진 자신이 발표할 차례였다. 하지만 마상진은 세미나에서 발표할 생각이 처음부터 없었다.

"김유상 선생은 아직 준비가 되지 않았으니 다음에는 다시 황원상 선생이 발표하시오."

세미나가 끝나고 강의실을 나가며 마상진은 그를 불러 같이 연구실로 향했다.

"앉으시오."

그가 자리를 잡고 앉자 마상진이 말했다.

"그 논문, 완성해서 어떻게 할 생각이오?"

"투고할 저널을 먼저 생각해야지요. 그래야 그 저널에 맞게 편집을 하지요."

"내가 잘 아는 저널이 있는데 거기에 투고해 보겠소?"

"어딘데요?"

"피보나치수열만 전문적으로 다루는 〈피보나치 계간지〉요. 이 저널은 과학색인목록(SCI)에 등재되어 있는 매우 수준 높은 저널이오."

"저는 상관없습니다. 어째든 그런 것까지 신경 써 주셔서 감사합니다."

그는 마상진의 친절에 어리둥절했지만 마상진은 금세 속내를 보였다. 그러나 그것은 이미 부탁이나 협상의 여지가 없는 명령이었다.

“신선생. 논문을 완성하면 내가 한 번 훑어보고 투고하는 것이 어떻겠소? 혹시 내가 더 좋은 결과를 얻을 수도 있고...”

그는 마지못해 고개를 끄덕였다.

“… 예.”

일주일 뒤 그는 마상진의 연구실에 있었다. 논문은 이미 초벌 편집되어 마상진에게 이메일로 보내진 상태였다. 그래서 그는 오늘 세미나가 시작되기 한 시간 전에 한국대학교에 도착하여 마상진의 연구실로 직행했다. 사실 그는 마상진으로부터 세미나를 하기 전에 먼저 자신의 연구실로 오라는 전화를 받았었다.

“신선생. 논문은 편집이 잘 되었소. 그런데 오타가 있어서 내가 수정했소. 보시오.”

마상진은 그가 편집했다는 논문을 내밀었다. 그 논문의 저자는 어느 새 그와 마상진 두 명이 되어 있었다. 그가 논문을 살펴보는 동안 마상진은 컴퓨터에 얼굴을 묻고 무엇인가 열심히 검색을 하기 시작했다. 검색을 하는 동안 마상진의 프린터는 쉴 새 없이 흰 종이를 토해내고 있었다. 그는 그것이 마상진의 개인적인 일이라고 생각하고 신경 쓰지 않으며 논문을 읽고 있었다. 그런데 그는 마상진이 새로 편집했다는 논문에서 몇 개의 오타를 찾아냈다.

“마교수님. 이 논문에도 오타가 있는데요.”

“그렇소? 어디 한 번 볼까?”

한참 논문을 검토하던 마상진은 오타를 여러 개 발견한 듯 말했다.

"이거 오타가 13개나 나왔는걸. 신선생은 몇 개 찾았소?"

"저는 21개 찾았어요."

"그래요? 내가 찾은 것과 차이가 있나?"

그가 마상진이 찾은 오타와 자신이 찾은 오타를 비교해보니 두 사람이 공통으로 발견한 오타는 모두 8개였다. 이것을 본 그는 갑자기 또 다른 논문거리가 생각났다.

"이거 재미있는 문제를 만들 수 있겠는데요? 우리 둘이 논문에서 발견한 오타를 근거로 아직 발견되지 않은 오타의 개수를 추측할 수 있겠어요."

"그게 어떻게 가능하오?"

그가 마상진에게 이 문제를 설명하는 동안 이미 새로운 논문이 한 편 완성되어 가고 있었다.

"예를 들어 A와 B 두 사람이 발견한 오타의 개수를 각각 a개, b개라 하고, 두 사람이 공통으로 발견한 오타를 c라고 해보죠. 그리고 A가 오타를 발견할 확률을 p, B가 오타를 발견할 확률을 q라고 가정하죠. 이 논문에 있는 오타의 총수를 S라고 한다면 $a=pS$이고 $b=qS$가 될 것입니다. 그런데 두 사람 A, B가 독립적으로 논문을 검토했기 때문에 $c=pqS$라는 것을 알 수 있습니다."

여기까지 설명하고 그는 마상진의 얼굴을 슬쩍 살펴보았다. 마상진은 이해하고 있다는 듯이 표정을 지으며 그의 말에 집중하고 있었다. 그는 마상진이 자신의 말을 완벽히 이해하고 따라오는 것이 아니라는 것을 알고 있었지만 멈출 수 없는 지적 욕구로 말은 계속 이어져갔다. 아마도 그것은 새로운 문제를 만들었을 때 나타나는 수학자들의 본능이라고 할 수 있는 것이었다.

사실 수학자는 어떤 어려운 문제를 푸는 사람이라기보다는 아직 세상에 나타나지 않은 새로운 문제를 만드는 사람이다. 새롭게 만들어낸 문제가 또 새로운 생각을 불러일으키고, 다시 꼬리에 꼬리를 물고 이어지는 문제 만들기야말로 수학자들이 가장 잘 할 수 있는 분야이다. 그렇게 탄생한 새로운 문제를 과학자들이나 공학자들이 자신의 경우에 맞게 각색하고 활용하며 비로소 수학문제의 중요성이 드러나는 것이다. 그러나 그렇게 되기까지 일년이 걸릴지 십년이 걸릴지 백년이 걸릴지는 아무도 모른다. 심지어 그냥 묻히는 수도 있다. 그러나 수학자들은 처음부터 문제의 활용을 생각하며 만드는 것이 아니라 단순히 지적 목마름을 채우기 위해서 생각하고 생각하여 새로운 문제를 만드는 것이다. 그리고 그런 문제는 지금 그와 마상진의 경우와 같이 갑작스럽게 탄생하는 경우도 왕왕 있다.

"앞의 식으로부터 $ab=pqS^2$이고 $c=pqS$이므로 $cS=pqS^2$이지요. 즉, $ab=pqS^2=cS$이므로 $S=\frac{ab}{c}$입니다. 다시 말해서 이 논문에 들어 있는 오타의 총수 S는 p와 q가 얼마이든지 상관없이 $\frac{ab}{c}$가 되는 것입니다."

"그래서 어찌 되었단 말이오?"

"두 사람 A와 B가 찾아낸 오타의 개수는 모두 $a+b-c$이므로 그들이 찾지 못한 오타의 개수는 $S-(a+b-c)$입니다. 그런데 $S=\frac{ab}{c}$이므로 두 사람이 찾지 못한 오타의 개수는 결국 $\frac{ab}{c}-(a+b-c)=\frac{(a-c)(b-c)}{c}$이 됩니다. 이를테면 제가 21개 마교수님이 13개의 오타를 찾았는데 공통으로 찾은 것이 8개였습니다. 즉, $a=21$, $b=13$, $c=8$이므로 $\frac{(21-8)(13-8)}{8}=\frac{13\times5}{8}=8.125$입니다. 따라서 우리 둘이 발견하지 못한 오타는 아직도 8개 정도가 더 있다는 것입니다."

"오. 이거 흥미롭군요. 그럼 다음 주에는 이 내용을 정리해 오시오."

마상진은 문제를 해결하는 그의 실력을 보고 감탄을 금할 수 없었다. 마상진은 오랫동안 황원상과 그를 저울질하고 있었는데, 오늘 이 논문을 계기로 황원상에게 들이던 공이 그에게로 옮겨지고 있었다.

"신선생. 앞으로 우리 둘이 같이 열심히 연구해 봅시다. 앞으로 한국대학교에 새로 자리가 날 것이고 그렇게 되면 신선생이 이곳으로 오면 참 좋겠소."

마상진의 말에 그는 귀가 번쩍 뜨이는 것 같았다. 아니 귀가 뜨이는 것보다는 심봉사가 심청이를 보았을 때와 같이 눈앞이 환하게 빛나며 새로운 세상이 열리는 것 같았다.

시간은 쏜살같이 지나 그가 마상진과 함께 연구한지도 벌써 3년이 지났다. 그동안 그가 작성한 논문에는 항상 마상진의 이름이 있었다. 그의 논문들은 〈피보나치 계간지〉에도 실렸으며, 또 다른 국제저널인 〈선형대수학과 응용〉에도 실렸다. 물론 한국수학총회에서 발간하는 저널에도 이미 여러 편을 실었다. 그리고 그 논문에는 예외 없이 마상진의 이름이 있었다. 그는 마상진의 미궁에서 살고 있었다.

세미나는 거의 황원상과 그 둘의 발표로 이루어졌다. 그러는 동안 그 뿐만 아니라 황원상도 각자의 연구 분야에서 상당한 진척이 있었다. 많은 논문을 발표한 황원상은 박사학위를 받은 지 3년 만에 드디어 수도권에 있는 문명대학교 수학과 교수가 되었다. 교수가 된 이듬해 황원상은 한국과학기술재단에서 지원하는 박사 후 연수과정을 신청했다. 박사 후 연수과정은 박사학위를 받은 사람이 연구를 위하여 다른 대학에서 일정기간 연구에 전념하는 것이다. 황원상은 이 과정에 신청하여 일 년간 미국에서 연구하게 되었다. 말하자면 다른 사람들은 박사학위를 취득하러 미국에 유학을 가지만 황원상은 우리나라에서 박사학위를 받은 후에 더 연구를 하기 위하여 미국으로 유학을 가는 것이었다.

미국으로 떠나기 전 황원상은 마지막으로 세미나에 참석하여 그 동안 자신이 연구했던 분야에 대한 개략적인 현황과 결과를 총 정리했다. 황원상은 그의 연구 분야인 미래를 예측하는 방법을 행렬로 표현하려는 연구는 현재 상당한 진척이 있었다. 사실 황원상의 행렬에 관한 연구는 그와 공동으로 이루어졌다. 그도 피보나치수열에 관한 모든 것을 행렬로 나타내기 위해 연구하고 있었기 때문에 황원상의 연구방법과 어느 정도 비슷한 면이 있었다.

세미나가 끝나고 황원상과 그 그리고 김유상은 맥주집으로 향했다. 언제부터인가 마상진은 이들과는 거리를 두고 있었다. 마상진은 세미나 팀을 이끌고 있는 교수였고, 나머지 셋은 그때까지도 마상진의 꼬마들이었다. 마상진은 자신의 꼬마들과는 어울리지 않았다. 그러나 세 명에게는 오히려 마상진이 없는 것이 더 편했다.

벌써 몇 순배 돌고 거나하게 취하자 황원상이 말했다.

"신선생 그리고 김선생. 내 말 잘 들어."

황원상은 새로 시킨 맥주를 한 모금 마시고 말을 이었다.

"우린 지금 미궁에 갇혀있어."

김유상이 말했다.

"갑자기 미궁이라니요?"

"마교수는 미궁을 만들어 놓고 우리를 미노타우로스의 먹이로 생각하고 있어."

"우리를 죽이기라도 한다는 건가요?"

"우린 그 미궁에 숨겨져 있는 마교수의 흑심을 채우는 먹이라고. 특히 신선생은 가장 맛있는 먹이야. 그 미궁에서 빠져나와야 해."

김유상은 무슨 말을 하는지 어리둥절해 하며 황원상의 이야기를 경청했다.

"미궁에 빠졌다면 나와야지요."

김유상의 말에 황원상이 다시 말을 이었다. 그는 맥주를 한 모금씩 마시며 두 사람의 말을 조용히 듣기만 했다.

"미궁을 빠져 나온 사람은 모두 3명이지. 크레타의 공주 아리아드네가 준 실타래로 빠져나온 테세우스가 있고, 스스로 날아서 탈출한 다이달로스 그리고 그의 아들 이카로스가 있지."

"그럼 황선생님은 어느 쪽이세요? 다른 사람의 도움으로 빠져나간 테세우스인가요? 아니면 스스로 탈출한 다이달로스인가요?"

"난 다이달로스야. 김선생은 무엇일지 모르지. 그리고 신선생."

황원상은 그를 불러놓고 지그시 바라보았다. 사실 그는 황원상이 아끼는 후배였다. 그래서 황원상은 마상진에게 이용당하는 그가 걱정스러웠다.

"신선생. 내가 없는 동안 미궁에서 탈출해."

황원상은 조그마하게 말했지만 분명한 어조로 그에게 말하고 있었다.

"나도 신선생과 같은 꿈이 있어. 그러나 마교수를 통해서는 그 꿈을 이룰 수 없어."

"하지만 지금 한국대학교 수학과는 김동화 교수님은 정년퇴임을 하셨고 한재영 교수님도 연세가 많으셔서 학교일에서 손을 뗐어요. 현재는 마교수가 모든 것을 잡고 있는데 어떻게 그의 눈에 나고 꿈을 이룰 수 있어요."

그랬다. 그 동안 한국대학교 수학과를 이끌어오던 쌍두마차인 김동화 교수와 한재영 교수는 이제 더 이상 한국대학교

수학과를 움직이지 않고 있었다. 김동화 교수는 이미 정년퇴임을 했고, 한재영 교수도 나이가 들어 이제는 정년을 준비하고 있었다. 그래서 한국대학교 수학과는 마상진에 의하여 좌지우지 되고 있었다. 황원상은 한국대학교의 그런 사정을 누구보다도 잘 알고 있었기 때문에 더욱 그를 마상진으로부터 떼 놓고 싶어 했다.

"그러니 미궁을 탈출한 테세우스가 되라는 거야."

"저도 그러고 싶어요. 그런데 이미 빠져나가기 어려울 만큼 깊이 들어왔어요."

"신선생. 제발 마교수의 미궁에서 나와라."

"노력할게요. 어쨌든 잘 다녀오세요."

그날 그들은 정신없이 마셨다. 밤 12시가 되자 곤드레만드레 곤죽이 된 셋이 술집에서 거리로 나왔다. 다음날 그들이 어떻게 집으로 갔는지 아는 사람은 아무도 없었다.

7

11월의 비

7 11월의 비

10월과 11월은 박사학위를 받은 고급인력들에게는 바쁜 계절이다. 대부분의 대학과 연구소에서는 그 다음해 초에 임용할 교수와 연구원을 10월 초부터 모집을 시작하기 때문에 박사학위를 받은 고급인력들은 분주하게 정보를 서로 교환하며 서류를 준비한다. 교수가 되기 위하여 대학에 지원한 경우 최종심사는 대개 12월 말이나 1월경에 있게 되는데, 여기까지 가려면 보통 세 차례의 관문을 통과해야한다. 첫 번째는 서류심사로 빠른 학교의 경우에는 10월 말 또는 11월 초면 서류심사가 완료되어 1차 통과자를 발표한다. 그래서 10월이나 11월 초가 되면 서로 희비가 교차하게 된다.

11월의 둘째 날 밤. 집으로 돌아온 그는 최민준으로부터 전화를 받았다. 최민준은 이미 술에 취한 듯 약간 혀가 꼬여 있었다.

"형. 나 민준이."

"응. 그래. 어떻게 되었어? 잘 됐지?"

"아니."

최민준은 짧게 말했다.

"나 1차 서류심사에서 탈락했어요."

"뭐? 네가 어떻게 서류심사에서 탈락할 수가 있어?"

"내 실력이 아직 부족한가봐."

최민준은 이렇게 말하고 있지만 목소리는 흔들리고 있었다. 흔들리지 않으려고 노력하는 것까지도 느껴질 정도로 최민준은 슬픈 목소리였다.

최민준은 비둘기 집에 관한 연구결과를 많이 발표하였으며 한국수학총회에서 개최되는 봄과 가을 학회에 정기적으로 그 결과들을 발표했다. 물론 발표자의 명단에는 마상진이 들어 있었기 때문에 당연히 다른 사람들은 최민준이 얻은 결과가 모두 마상진의 지도로 이루어졌다고 생각하고 있었다. 하지만 그, 황원상, 그리고 김유상은 내막을 잘 알고 있었다.

"그게 무슨 소리야. 최선생 실력이 부족하다니?"

"그렇지 않고서야 내가 어떻게 1차 서류심사에서 탈락할 수 있겠어요?"

"다시 한 번 확인해봐. 혹시 서류를 제대로 제출하지 않은 건 아냐?"

"아뇨. 서류는 진명대학교에서 제출하라는 대로 모두 제출했어요. 그리고 지도교수의 추천서는 마교수님이 따로 그 대학에 보냈고요."

"마교수님에게 확인해 봤어?"

"서류 제출할 때 제가 제출 기한을 알려드렸더니 알았다고 했어요."

"그래도 다시 확인해봐."

그는 최민준을 달래며 전화를 끊었다. 그는 뭔가 이상하다는 듯이 혼자 중얼거렸다.

"최민준이 탈락해? 그것 참! 분명히 뭔가 있어."

그랬다.

최민준은 1차 서류심사에서 탈락할 정도의 실력을 갖춘 사람이 아니었다. 최민준은 나름대로 자신의 분야에서 많은 논문을 썼고, 관련 학회에서도 여러 번 그의 결과를 발표했었기 때문에 그가 대학에 원서를 제출했을 때 1차 서류심사를 통과한다는 것은 의심할 여지가 없었다. 그래서 그가 탈락했다는 것은 이상한 일이 아닐 수 없었다. 하지만 그것은 엄연한 사실이었다.

최민준.

최민준은 그의 2년 후배로 황원상이 미국에서 돌아온 그 해에 박사과정에 입학했다. 최민준은 마상진을 지도교수로 하여 박사과정에 입학한 이후에 그와 황원상 그리고 김유상이 함께 하는 세미나에 줄곧 열심히 참석했다. 하지만 마상진을 지도교수로 정하고 한참이 지나도록 상세한 연구 분야가 정해지지 않았기 때문에 발표는 하지 않았었다. 최민준은 세미나 팀이 해체될 때까지도 발표하지 않았다. 아니, 하지 못했다고 하는 편이 더 정확할 것이다. 그는 박사과정에 입학한 이후 몇 년 동안 마상진으로부터 연구 주제에 관한 어떤 지도도 받질 못했기 때문이었다.

결국 최민준은 마상진으로부터 연구 주제를 받기를 기다리는 것보다 자신이 스스로 찾기로 하고 황원상과 그에게 도움을 요청했다. 하지만 황원상과 그는 최민준에게 결정적인 도움을 줄 수가 없었다. 마상진이 뒤에 버티고 서 있는 최민준을 도와주는 것은 그리 녹녹한 일이 아니었기 때문이다. 그런 와중에도 황원상과 그는 최민준을 도와주기 위하여 마상진 모르게 이것저것 자료를 모아 주었다. 그들의 도움을 받아 최민준은 나름대로 열심히 노력해서 끝내 박사학위 논문의 주제를 잡을 수 있게 되었다. 그것도 지도교수 마상진의 도움이 없이. 사실 최민준도 처음부터 마상진으로부터 도움을 기대했던 것은 아니었다.

"마교수님. 제 박사학위 논문의 주제로 비둘기 집의 원리에 관해 연구했으면 합니다."

"비둘기집의 원리? 중요하지도 않은 걸 뭐하려고 그러시오?"

"예? 비둘기 집이 중요하지 않다고요?"

"그 간단한 비둘기 집의 원리로 뭘 연구할 수 있겠소?"

"비둘기 집의 원리를 잘 적용할 수 있는 알고리즘에 관하여 연구하려고 합니다."

"그게 되겠소? 아무튼 잘 해 보고 결과를 내게 보고하시오."

그 순간 최민준은 쇠망치로 머리를 얻어맞는 것 같은 충격을 받았다. 도대체 마교수가 자기를 지도해 줄 수 있는 것은 무엇일까?

비둘기 집의 원리는 이산수학의 기본이었다. 이산수학은 이산적인 대상과 방법을 사용하는 수학을 말한다. 이산이란 연속에 대칭되는 말로서 낱낱의 개체가 떨어져 있다는 뜻이다. 이산수학은 옛날에는 수학적 게임 등에 숨어있는 수학으로서 흥미 추구 내지는 오락 정도에 그쳤지만 20세기 후반 이후로 순수 및 응용수학에서 대단히 중요한 위치를 점하고 있다.

이산수학이 최근에 각광을 받게 된 데는 크게 두 가지 이유 때문이다. 이산수학이 연구되기 이전 시대에는 자연현상을 연속적인 모델로 보았지만 컴퓨터의 지배를 받고 있는 오늘날에는 오히려 연속적인 현상마저도 이산적인 모델로 분석한다. 즉, 아날로그의 시대가 끝나고 디지털의 시대가 된 것이 그 첫 번째 이유이다.

옛날에 무심코 간과했던 교육적 측면이 이산수학 속에 들어 있는 것이 두 번째 이유이다. 이산수학은 정해진 틀을 따르기보다는 수학적 센스를 요구하는 경우가 많고, 보통의 수학문제도 이산적인 아이디어를 사용하면 쉽고 멋지게 풀리는 경우가 많다. 그래서 수학 올림피아드나 경시대회 문제는 거의 전부가 이산수학 또는 이산적 아이디어를 필요로 하는 문제들로 구성된다.

이산적 아이디어와 테크닉은 전통적 수학의 분야뿐만 아니라 사회과학, 생물학, 정보이론 등에 광범위하게 사용되며 날이 갈수록 더욱 그 효용성이 두드러지고 있다. 이와 같은 이산수학의 가장 중요한 부분은 바로 조합이론이다. 이산수학의 거의 80% 이상이 바로 조합이론에 관한 것이다. 그리고 조합이론의 주된 관심사는 네 가지로 요약할 수 있다. 첫째, 특정한 패턴이 존재하겠는가라는 배열의 존재성이다. 둘째, 특정한 패턴이 존재한다면 몇 개나 존재하겠는가라는 배열의 개수이다. 셋째, 어떤 배열이 최적의 배열이겠는가라는 최적 배열 찾기이다. 넷째, 배열의 구조는 어떠한가라는 배열의 구조 분석이다. 이런 이유에서 조합이론이란 이산적 구조에 대한 존재성, 계수, 분석, 최적화 문제를 다루는 수학의 한 분야이다. 그리고 행렬이론은 바로 이런 조합이론을 수학적 구조로 볼 수 있게 만들어 주는 하나의 도구이다. 따라서 사실 황원상과 그가 연구하는 분야는 모두 행렬을 활용하기 때문에 조합이론이었다.

조합이론은 앞에서 말한 것과 같이 크게 네 가지를 주로 다루는데 그 가운데 가장 중요한 것은 배열의 존재성이다. 배열의 존재성. 즉, 우리가 원하는 특정한 배열이 있어야 그 개수를 세던지, 최적의 배열을 찾던지 또는 구조를 연구할 수 있다. 따라서 가장 중요한 것은 배열의 존재성이다. 그리고 그 존재성을 보장해 주는 핵심 원리가 바로 비둘기 집의 원리이다.

4마리의 비둘기를 3개의 비둘기 집에 넣어 보자. 한 개의 집에 4마리의 비둘기를 모두 넣는 경우도 있고 두 개의 비둘기 집에 2마리씩 나누어 넣거나 1마리 3마리로 나누어 넣는 경우도 있다. 어떤 방법을 사용하여 비둘기를 비둘기 집에 넣는다고 하더라도 어떤 집에는 반드시 2마리가 들어간 경우가 있다. 다시 말하면 비둘기가 2마리 이상 들어간 집이 반드시 존재한다. 이 집이 바로 우리가 원하는 특정한 배열이다. 그리고 이와 같은 특정한 배열이 있다는 것이 바로 비둘기 집의 원리이다.

일반적인 비둘기 집의 원리는 $n+1$마리의 비둘기를 n개의 비둘기 집에 넣으면, 2마리 이상 들어간 집이 반드시 있다는 것이다. 비둘기 집의 원리를 적용하여 배열의 존재성을 증명하고자 할 때, 문제에서 무엇을 비둘기로 두고 무엇을 비둘기 집으로 둘 것인가를 결정하는 것이 문제 해결의 관건이다.

예를 들어 13명 중에는 태어난 달이 같은 사람이 2명 이상이 있음을 비둘기 집의 원리로 알아보자. 이를 증명하기 위하여 사람을 각각 비둘기 1, 비둘기 2, …, 비둘기 12, 비둘기 13이라 하고 비둘기 집을 각각 1월, 2월, …, 12월로 둔다. 각 비둘기를 태어난 달에 해당하는 집에 넣으면 2마리 이상 들어간 집이 반드시 존재하므로 태어난 달이 같은 사람이 반드시 2명 이상 있다.

너무나 당연한 것 같지만 실제 문제에서는 이렇게 쉽게 적용할 수만은 없다. 이를 테면 다음과 같은 문제를 해결하기 위해서는 어떤 것을 비둘기로 놓고 어떤 것을 비둘기 집으로 놓아야 문제를 해결할 수 있는지 쉽지 않다.

'어떤 도예가는 30일 동안 매일 1개 이상의 도자기를 만들어 45개를 만들었다. 연속된 며칠 사이에 정확하게 14개의 도자기를 만든 기간이 있음을 증명하여라.'

최민준은 이런 문제를 쉽게 해결하기 위해 비둘기 집의 원리를 적용할 수 있는 알고리즘을 연구하겠다는 것이었다. 그리고 조합이론을 연구하는 사람이 비둘기 집의 원리를 중요하지 않다고 하는 것은 이해할 수 없는 일이었다. 아니 비둘기 집의 원리를 중요하지 않다고 생각한다면 조합이론 전체가 중요하지 않다는 것이었다. 그리고 조합이론은 마상진이 연구했다는 행렬과 표리일체이기 때문에 결국 자신이 연구한 모든 것이 중요하지 않다는 결론이다. 그런데 마상진이 그러했다.

최민준은 그날 이후 주어진 문제를 해결하기 위하여 비둘기 집의 원리를 어떻게 하면 쉽게 적용할 수 있을 것인지에 대하여 연구하기 시작했다. 그러나 비둘기 집의 원리는 조합 이론의 가장 기본이 되기 때문에 이것을 쉽게 적용하기 위한 알고리즘을 찾는 것은 간단하지 않았다. 하지만 최민준은 열심히 연구했다.

지금까지 마상진을 지도교수로 하여 박사학위를 받은 사람은 모두 네 명이었다. 한 명은 현재 상경대학교 교수인 김유상과 서안대학교 교수로 있는 이주세, 그리고 고등학교 선생님으로 있는 강주형 박사다. 그리고 마지막 한 명이 바로 최민준이었다. 겉에서 보기에는 김유상과 이주세가 마상진의 도움으로 대학교수가 된 것 같았지만 실상 마상진의 제자 중에서 마상진의 도움으로 교수가 된 사람은 그때까지 아무도 없었다. 김유상과 이주세의 경우도 모두 그들만의 노력으로 교수가 되었다. 그리고 이번에 최민준도 그러려고 했는데 1차 서류심사에서 고배를 마셨다는 것이다.

김유상은 마상진을 지도교수로 했지만 실질적인 지도는 김성진 교수에 의하여 이루어졌고, 또 그와 황원상이 함께 했던 세미나에서 많은 도움을 받았다. 실질적인 지도가 김성진교수에 의하여 이루어졌다고 하더라도 마상진은 김유상의 지도교수였다. 대학원에서 지도교수란 그 학생의 생사여탈권을 거의 모두 쥐고 있었다. 그래서 김유상이 김성진교수의 지도로 연구한 결과를 논문으로 발표할 때는 항상 마상진의 이름을 넣어야 했다.

이주세는 그보다 일 년 뒤에 박사과정에 입학하고 바로 군대에 갔었다. 이주세가 군대에 가기 전에는 김성진 교수를 지도교수로 생각하고 박사과정에 입학했지만 제대 후 상황이 바뀌어 마상진을 지도교수로 정해야 했다. 이주세는 마상진을 지도교수로 정한 뒤 마상진을 찾지 않았다. 이주세는 처음부터 마상진에게 아무것도 기대할 것이 없다는 것을 알아서였는지 마상진의 연구실에는 가지 않았고, 세미나에 열심히 참여하며 그와 황원상의 도움으로 학위논문의 주제를 정하고 논문을 완성해 갔다. 마상진이 그런 이주세를 그냥 놓아 둔 것은 이주세가 논문을 쓸 때마다 자신의 이름을 넣었기 때문이었다. 이주세는 아무에게도 말하지 않았지만 마상진과 그렇게 하기로 정했던 것이었다. 그리고 이주세는 박사학위를 받은 그 다음해에 자신의 고향에 있는 서안대학교 교수로 가게 되었다. 서안대학교 교수가 된 이후 이주세의 논문에서 더 이상 마상진의 이름은 찾을 수 없었다. 물론 그 이후 이주세는 마상진을 찾아오는 일이 없었다. 이주세는 그렇게 간단히 마상진으로부터 벗어났다. 아니 이주세는 처음부터 마상진의 미궁에 들어오지 않았던 것이다.

강주형은 그의 일 년 후배이자 최민준의 일 년 선배로 이주세와 동기였다. 강주형은 최민준이 박사과정에 입학하고 그 다음 해에 박사과정에 입학했다. 이주세와는 다르게 군대를 먼저 갔다 오고 석사과정과 박사과정을 차례로 밟았다. 강주형도 원래는 김성진교수의 강의에 반하여 석사과정에 입학했지만 결국에는 마상진을 박사과정의 지도교수로 정할 수밖에 없는 상황이 되었다.

최민준 또한 김성진 교수의 강의를 듣고 김성진 밑에서 공부하려고 했지만 그가 대학원에 입학하려고 할 때는 이미 김성진 교수는 서운대학교로 옮긴 후였다. 그래도 최민준은 그와 황원상 그리고 김유상과 같은 전공을 공부하기로 마음먹고 마상진을 지도교수로 정한 것이다. 그리고 마상진은 최민준을 진정한 자신의 첫 제자라며 좋아했다. 처음에 마상진은 최민준에게 매우 친절했다. 자신의 전공에 대하여 모든 것을 알려주겠다는 말도 수시로 했다. 그러나 최민준에 대한 마상진의 실력은 그런 마상진의 마음을 뒷받침해 주질 못했다. 그래서 최민준은 마상진으로부터 지도를 받는다는 생각을 곧 접게 되었고, 홀로 비둘기 집의 원리를 연구했다.

최민준은 결국 비둘기 집의 원리를 확장했다. 예를 들어 10마리의 비둘기를 3개의 비둘기 집에 넣었을 때, 3개의 집에 들어간 비둘기의 수를 모두 합하면 10이므로 평균은 $\frac{10}{3}=3.333\cdots$ 이다. 그런데 비둘기 집의 개수는 정수이므로 이들 중 하나는 $3.333\cdots$보다 큰 정수 4 이상이어야 한다. 따라서 4마리 이상 들어간 집이 반드시 있다는 것이 최민준이 비둘기 집의 원리를 확장한 기본적인 생각이었다.

최민준은 비둘기 집의 원리를 쉽게 적용할 수 있는 알고리즘을 개발하기 위하여 먼저 비둘기 집의 일반적인 형태를 생각했다. 예를 든 경우를 일반화하면 m마리의 비둘기를 n개의 비둘기 집에 넣으면 $\frac{m}{n}$마리 이상 들어간 집이 반드시 있다는 것이 된다. 여기서 $\frac{m}{n}$이 정수이면 간단하지만 정수가 아니면 $\frac{m}{n}$이상인 정수이므로 $\frac{m}{n}$보다 바로 큰 정수를 의미한다.

최민준은 비둘기 집의 원리란 결국 몇 개의 수가 있을 때, 그 중 적어도 하나는 평균 이상이라는 것을 알게 되었다. 또한 그는 몇 개의 수 중 적어도 하나는 평균 이하라는 사실도 마찬가지로 비둘기 집의 원리라는 것을 알았다. 그래서 어떤 때는 평균 이상을 사용하고 어떤 때는 평균 이하를 사용하여 문제를 해결할 수 있다는 것이 최민준이 개발한 알고리즘의 기본이었다.

이를 테면 10마리의 비둘기를 3개의 비둘기 집에 넣었을 때, 3개의 집에 들어간 비둘기의 수를 모두 합하면 10이므로 평균은 $\frac{10}{3}=3.333\cdots$이므로 4마리 이상 들어간 집이 반드시 있다는 것이 기존의 비둘기 집의 원리를 적용한 알고리즘이었다면, 평균보다 작은 3마리 이하가 들어간 비둘기 집도 있다는 것이 최민준이 비둘기 집의 원리를 적용한 알고리즘의 기본적인 생각이었다.

최민준의 알고리즘은 기존의 알고리즘보다 그 과정을 반으로 줄일 수 있었고, 이것은 매우 훌륭한 결과였다. 최민준은 이 알고리즘을 찾아내기 위하여 정말 밤을 낮 삼아 연구에 연구를 계속했다. 연구가 잘 진행되다가 막히는 경우도 많이 있었는데, 어떤 때는 세미나를 하며 난관을 헤쳐 나가기도 했지만 어떤 때는 꿈속에서 해결하기도 했다. 실제로 공부를 계속하는 사람들은 박사학위 논문을 작성할 때 해결되지 않는 문제들을 꿈속에서 해결한 사람들이 많이 있었다. 그도, 황원상도, 김유상도, 그리고 강주형도 모두 이런 경험이 있었다. 이것은 학위논문을 완성하기 위하여 그만큼 많이 생각하고 고민했다는 증거일 것이다.

어째든 최민준의 연구 결과는 마상진을 주저자로 하여 〈선형대수학과 응용〉에 게재가 되었고, 많은 관심을 끌었다. 그리고 이 분야에 관련된 최민준의 논문은 여러 편 나왔으며 그때마다 마상진을 주저자로 하여 발표되었다. 그런 최민준이 진명대학교의 서류전형에서 탈락했다는 것은 쉽게 납득할 수 없는 일이었다.

11월은 하루하루 100미터 달리기를 하듯이 겨울로 향해가고 있었다. 어제보다 더 겨울에 가까워진 11월 둘째 날 아침은 비로 시작하고 있었다. 비는 학교에 도착한 이후에도 계속 내렸다. 시간이 조금만 더 겨울에 다가섰더라면 비는 눈이 되어 내렸을 것이다.

오전 수업을 마치고 연구들에 들어오자마자 그는 컴퓨터에 있는 인터넷 라디오를 틀었다. 마침 비 내리는 11월이라 라디오에서는 건스앤로지즈(Guns'N Roses)의 '11월의 비(November Rain)'가 흘러나오고 있었다. 이렇게 비가 내리는 11월이면 이 노래는 하루에도 여러 번 방송국을 옮겨 다니며 슬픈 사연을 토해냈다. 눈이 와도 이상하지 않을 늦가을과 초겨울의 경계에 있는 11월에 내리는 비는 그래서 더 슬프다. 비로 내리기에는 너무 차갑고, 그렇다고 눈이 되기에는 약간 덜 차가운 11월의 비는 어쩌면 그의 처지와 같았다. 거기에 마치 배경음악이라도 되는 양 스피커에서 깔려 나오는 '11월의 비'는 더 을씨년스러웠다.

When I look into your eyes
I can see a love restrained
But darling when I hold you
Don't you know I feel the same
당신의 눈을 바라보고 있으면 억눌린
사랑을 읽을 수 있습니다.
하지만 내 사랑. 내가 당신을 안을 때
나 역시 같은 감정을 느끼고 있음을
당신은 모르시나요.

⋮

⋮

⋮

Don't you think that you need somebody
Don't you think that you need someone
Everybody needs somebody
You're not the only one

You're not the only one….

당신에게 누군가가 필요하다고 생각지 않으세요.

사람들은 모두 누군가를 필요로 하죠.

당신뿐만이 아니라 모두 말이에요.

노래가 거의 끝나갈 쯤, 최민준으로부터 전화가 왔다.

"마음은 좀 정리가 됐어?"

"형. 내가 왜 탈락했는지 알았어."

최민준의 목소리는 날카로우면서도 애써 슬픔을 감추려는 바로 지금 흘러나오고 있는 '11월의 비'를 부르고 있는 가수의 목소리와 같았다.

"마교수가 추천서를 보내지 않았대."

"뭐라고? 어떻게 그럴 수가 있어?"

"요즘 한국수학총회 회장 선거 때문에 정신이 없었대. 추천서는 작성했지만 보내는 것을 깜빡했대."

"마교수는 뭐래?

"……"

"아무 말 없었어?"

"회장에 당선되면 다른 대학에 자리를 알아봐 주겠대."

"그래? 그럼 잘 되겠지."

그는 최민준과의 전화를 끊고 마상진의 의도를 생각해 봤다.

현재 마상진의 연구를 도맡아서 해 줄 사람은 최민준 뿐이었다. 만약 최민준이 마상진의 연구실을 떠나 다른 대학교의 전임교수가 된다면 당장 마상진의 연구실적에 문제가 생길 것이다. 얼마 전까지만 해도 그 일을 그가 했지만 지금 그는 마상진의 손에서 벗어나 있었다. 아니, 마상진의 손에서 벗어난 것이라기보다는 마상진으로부터 버림을 받았다는 것이 더 정확했다.

회장에 당선된다고 하더라도 마상진에게는 지속적으로 좋은 연구결과를 만들어 줄 누군가가 필요할 것이다. 그도 김유상도 이주세도 그리고 히든카드로 만들고 싶어 했던 강주형 마저도 떠났다. 이제 마상진에게 남은 것은 최민준 뿐이었다. 그렇다면 마상진은 최민준을 절대 보낼 수 없었을 것이다.

그는 이런 자신의 생각을 최민준에게는 차마 말할 수 없었다. 그는 아마 예전에 자신이 마상진을 위해 일할 때 황원상이 자신을 바라보는 느낌이 바로 이랬을 것이라고 생각했다. 그는 최민준을 어떻게 위로할 것이며, 마상진으로부터 어떻게 벗어나게 할 수 있을지 고민스러웠다. 황원상이 자신에게 했던 것처럼 그도 마상진의 실체를 최민준에게 보여주어야 했다.

지금 그는 마상진으로부터 완전히 벗어났다고 생각했다. 그리고 이번에는 자신이 마상진을 이용하기 위해 마상진의 굴속으로 들어가고 있었다. 그는 마상진과의 치킨게임을 다시 한 번 되 뇌였다. 자신의 모든 것을 알고 있는 마상진과 치킨게임을 한다면 자신이 택해야 하는 전략은 절대로 비켜나지 않는 것이라는 것을 알고 있었다. 그러면 모든 것을 알고 있는 마상진은 그의 전략이 절대로 비켜나지 않으리라는 것을 알 테고, 따라서 매번 비켜나야 살 수 있다. 결국 모든 것을 아는 마상진은 그를 절대로 이길 수 없는 것이다.

하지만 그 순간 그의 뇌리에는 마상진의 생일이 스쳐지나갔다.

8월 13일.

11월에 내리는 비는 그칠 줄 모르고 마치 여름 장마철처럼 퍼 붓고 있었다. 비가 이렇게 내리면 11월의 가을 정취는 찾아볼 수 없다. 그에게 이번 가을은 빨리 지나갔으면 하는 계절이다. 한국수학총회장 선거가 11월에 있기 때문에 그는 11월이 빨리 지나가 모든 것이 정리되었으면 하는 생각을 하고 있기에 더 안달이 나 있었다.

그가 빗소리에 지쳐 있을 즈음 전화기를 들었다. 수화기 너머로 수신음이 들리자마자 통화가 연결되었다.

“여보세요?”

“아이고 형님. 안녕하셨어요? 연락을 드린다고 하면서도 자주 못 드렸네요.”

“잘 지내지?”

“예. 형님은요?”

“나야 뭘. 매일 그렇지.”

강주형이었다. 그는 전화기 속의 강주형과 이런 저런 이야기를 나누었지만 정작 본론은 꺼내지 못하고 겉돌고 있었다. 사실 그는 강주형에게 마상진 교수가 한국수학총회 회장에 출마했으니 도와달라는 말을 하려고 전화를 했다. 그러나 그 말은 목구멍을 타고 넘어오기는 했지만 끝내 입에서는 나오지 못하고 있었다.

"마교수로부터 전화 왔었어?"

"아니요. 전 고등학교에 있어서 제가 아는 분 중에는 투표할 분이 많지 않아요. 그런데 저에게 전화 하겠어요?"

"그렇군."

둘은 또 다른 이야기로 잠깐 더 통화를 하고 끊었다.

강주형은 현재 우리고등학교 교사로 있다. 강주형도 한때는 마상진의 꼬마로 불리던 그룹의 일원이었다. 하지만 강주형은 마상진과는 처음부터 맞지 않는 성격이었다. 강주형도 김성진 교수를 생각하며 대학원에 입학했다. 강주형은 대학원에 입학하자마자 군대에 갔었는데, 제대하고 돌아와 보니 모든 것이 변해 있었다. 김성진 교수는 가고 없었고, 그 자리에 마상진이라는 사람이 있었다. 마상진은 강주형을 처음 보는 순간부터 강주형의 이용가치를 따지고 있었다.

"강선생이 하고 싶은 연구는 어떤 것이요?"

"전 아직 잘 모르겠습니다. 교수님께서 한 가지 정해 주시면 열심히 하겠습니다."

"박사과정에 입학했다는 것은 뭔가 정해 놓은 것이 있어서 시작한 것 아니요?"

"그럼 교수님도 그러셨나요?"

"그럼. 난 유학 가서 박사과정에 들어가기 전에 이미 내가 무엇을 할지 정했었소."

"그게 교수님 학위 논문이셨나요?"

"그렇소."

"할 일을 정해 놓으신 분이 박사학위를 받으시는데 10년이나 걸리셨어요?"

강주형은 다른 사람과 다르게 직설적이었다. 강주형의 단도직입적인 말에 마상진도 말을 잃었다. 마상진은 강주형을 이용하기 힘들다는 것을 그 자리에서 알았고, 그 이후 마상진은 강주형을 꺼리게 되었다.

강주형이 마상진으로부터 철저하게 외면 받고 있는 동안에도 시간은 흘렀다. 그 동안 강주형은 마상진이 아닌 김성진으로부터 지도를 받기 위해 매주 김성진 교수를 찾아갔다. 김성진은 강주형이 서운대학교에서 하는 자신의 모든 강의를 들을 수 있도록 해 주었다. 그렇게 시간은 흘렀고 마상진에게서 강주형은 서서히 잊혀져 갔다.

강주형이 마상진의 제자로 들어온 지도 벌써 4년이 지나고 있었다. 마상진은 강주형을 이용할 수 없었기 때문에 강주형에게 어떤 관심도 보이지 않았다. 그러나 강주형은 졸업을 해야 했다. 하지만 마상진의 도움 없이 졸업한다는 것은 불가능했다. 강주형은 이런 고민을 그와 황원상에게 털어놓았지만 달리 뾰족한 방법이 없었다. 그때 황원상이 말했다.

"원래 대학 다닐 때 마교수와 설동근 선배님이 같은 학번이었는데."

"그 분은 지금 유학 가서 아직 돌아오지 않으셨잖아요."

그랬다. 설동근은 마상진과 대학 시절을 함께 보낸 동기였다. 그래서 마상진은 설동근의 말에 귀를 기울일지도 모른다고 생각했다. 하지만 설동근은 늦게 유학을 갔기 때문에 아직 한국에 돌아오지 않은 상태였다.

"내가 설 선배님과 연락이 되는데 한 번 해볼까?"

그는 황원상과 강주형을 보면 말했다.

"그래. 신 선생이 한 번 연락해 봐. 혹시 무슨 방법이 생기지 않겠어."

그는 그날 바로 설동근에게 이메일을 썼다. 잘 지내고 있냐는 안부와 함께 강주형에 대한 이야기도 넣었다. 설동근은 그가 메일을 보낸 바로 다음날 답을 해 왔다. 설동근은 답장에 강주형을 도울 수 있는 방법은 그나 황원상이 직접 강주형을 지도해 주는 것이라고 했다. 하지만 거기에는 단서가 달려 있었다. 강주형이 마상진의 그늘에서 벗어나기 위해서는 마상진에게 그만큼의 이익을 주어야 한다는 것이었다. 그리고 그 방법은 강주형의 졸업논문에 들어가는 모든 논문에 마상진의 이름을 넣어 주는 것이었다. 그러나 그러려면 강주형을 도와주는 사람의 희생이 필요했고, 설동근이 지목한 가장 적임자는 그였다.

그때까지 그는 자신의 논문에 마상진의 이름을 계속해서 넣어주고 있었다. 하지만 최근에 작성된 몇 개의 논문에 그는 드디어 마상진의 이름을 넣지 않기 시작했다. 만약 이런 사실을 마상진이 알게 되면 아마도 그에게 불같이 화를 내리라는 것을 알고 있었지만 그는 마상진으로부터 벗어나고 싶었다. 그래서 마상진이 확인하기 어려운 외국 저널에 마상진의 이름을 빼고 혼자의 이름만으로 논문을 작성하여 투고했다.

사실 그가 마상진으로부터 벗어나야 한다는 생각을 갖기

시작한 것은 황원상과 김유상 그리고 강주형의 계속된 설득 때문이었다. 특히 황원상은 마상진을 잘 알고 있었기 때문에 그가 더 이상 마상진을 위해 연구 실적을 쌓아 주는 것은 옳지 않다고 주장했다. 그도 황원상과 같은 생각이었지만 그에게는 마상진으로부터 벗어날 수 없는 이유가 아직 있었다. 마상진은 그에게 가끔식 한국대학교 수학과의 교수 자리에 대하여 언급했다. 마상진은 그 자리에 그가 어울린다는 말은 하지 않았지만 그는 마상진이 자신에게 그런 이야기를 한다는 것은 '너를 생각하고 있다.'라는 암시와도 같다고 생각했다. 그것이 마상진의 치밀한 계산에서 나온 것이라는 사실을 그도 알고 있었지만 혹시나 하는 마음 때문에 쉽게 버릴 수 없는 카드였다. 마상진이 먼저 그를 버린 후에야 그의 미련이 부질없는 것이었음을 알게 되었다.

강주형을 무사히 졸업시키기 위해서는 그가 강주형을 지도하고 그들의 논문에 마상진의 이름을 넣어주는 것이 가장 현실적인 방법이라고 설동근은 전해 왔다. 그리고 그와 강주형이 자신의 의견에 동의한다면 마상진에게 직접 연락하여 그런 사정을 이야기해주겠다는 것이다.

강주형은 그가 전한 설동근의 방법에 찬성했다. 문제는 그였다. 그는 이제 마상진으로부터 서서히 벗어나고 있었는데 강주형의 일로 이만큼 벗어난 길을 다시 돌아가야 하는 어려움이 있었다. 강주형도 그가 마상진으로부터 벗어나려고 하는 것을 알고 있었다. 그래서 그에게 적극적으로 도와달라고 할 수 없었다. 다만 그의 결단을 기다리고 있었다. 자신을 바라보고 있는 강주형의 처지를 잘 알고 있는 그는 잠깐 마상진으로부터 벗어나는 것을 미루기로 하고 강주형을 돕기로 결심했다.

"형님. 감사합니다."

며칠 뒤, 그는 설동근으로부터 마상진에게 지금의 상황을 잘 전달했다는 연락을 받았다. 이제 강주형이 마상진에게 찾아가 사정을 이야기하고 일을 진행시키면 되는 일이었다. 강주형은 마음에 썩 내켜하지 않았지만 그래도 졸업은 해야 했다. 어쨌든 강주형은 마상진을 찾아갔다.

"그래. 졸업할 준비가 되었소?"

"예. 신재현 선생님과 함께 연구하려고 합니다."

"아. 신교수. 신교수라면 강선생에게 좋은 연구 주제를 줄 수 있을 것이오."

"고맙습니다."

"고맙긴 뭘. 지도교수로서 당연히 해야 할 일이지."

강주형은 마상진의 그 말에 웃을 뻔 했다. 지도교수로서 당연히 할 일을 하지 않고 있으면서 다른 사람에게 자신의 학생의 지도를 맡기는 것이 지도교수로서 할 일이라니? 정말 한심한 지도교수라는 생각에 강주형은 웃음을 꾹 참았다.

"그래 신교수는 강선생과 무엇을 할 예정이라고 합디까?"

"아직 모르겠습니다."

"어쨌든 내가 강선생의 지도교수라는 걸 잊지 마시오."

"예."

"무엇을 연구하는지 나에게 매주 보고하시오."

강주형이 마상진의 방을 나오는데 뒤에서 들리는 소리였다. 결국 마상진은 강주형을 끝까지 이용하려는 속셈을 숨기지 않았다. 마상진의 연구실을 나온 강주형은 곧바로 그에게 전화를 했다.

"잘 됐어요."

"그래. 그럼 앞으로 매주 토요일 오전에 만나기로 하자."

"고맙습니다."

"고맙긴. 나도 강선생과 같이 연구하여 좋은 논문 많이 쓰면 좋지."

"그런데 연구 주제는 어떤 쪽으로 하지요."

"내가 생각해 놓은 쪽이 있어. 토요일에 만나서 이야기할게."

그와 강주형은 토요일 오전에 한국대학교 수학과 세미나실에서 만났다. 강주형을 만나자 마자 그는 강주형에게 말했다.

"강선생. 이 세상 사람들이 모두 몇 명쯤 될까?"

"갑자기 그건 왜 물으세요? 제가 알기로는 한 66억 명쯤 되는 것으로 알고 있는데요."

"그럼 그 중에 강선생이 알고 있는 사람은 몇 명이나 될까?"

"제가 알고 있는 사람은 약 300명쯤 되지 않을까요?"

"그럼 미안하지만 강선생이 독감에 걸렸다고 할 때, 66억 명에게 독감이 감염되는 데는 얼마나 걸릴까?"

"글쎄요? 그걸 어떻게 알 수 있겠어요. 뭐. 아주 오래 걸리겠지요."

"아니야. 아주 빨리 퍼져."

"진짜요? 왜 그렇지요?"

"그게 우리가 연구할 과제야. 말하자면 강선생의 박사학위 논문이 되는 거지. 재미있겠지?"

"글쎄요? 어떻게 시작해야 할지…"

그날부터 그와 강주형은 독감의 감염경로를 어떻게 구할 수 있을지에 대하여 연구하기 시작했다. 강주형은 그 만큼이나 영민했다. 강주형은 그가 생각하고 있는 것들을 빠르게 받아들였고, 어떤 경우에는 그가 미처 생각지 못한 것들을 놓치지 않고 잡아냈다. 그래서 둘의 연구는 의외로 빨리 진행되었으며 그에 따라 결과논문도 많이 나오게 되었다. 예의 그렇듯이 그와 강주형이 작성한 논문은 매번 마상진에게 보고되었고, 마상진은 기업의 사장이라도 되는 양 작성된 논문에 대하여 이러쿵저러쿵 의견을 냈다. 하지만 그가 낸 의견의 대부분은 논문의 내용보다는 논문을 편집할 때 어떻게 하라는 기본적인 정도로 굳이 말하지 않아도 되는 것들이었다. 어쨌든 그들이 작성한 논문에는 항상 마상진의 이름이 올랐고, 마상진도 그것이 싫지는 않았다. 그리고 그와 강주형이 논문을 많이 쓰면 쓸수록 한국수학총회에서 마상진의 이름은 점점 올라가고 있었다.

그와 강주형이 연구한 결과를 종합해 보면 이랬다.

어떤 사람 A가 적당하게 생각하여 100명을 안다고 가정해 보자. 그리고 A가 아는 사람 100명이 각각 또 다른 100명을 안다면 A는 한 다리 건너 1만 명과 연결된다. 즉, A는 100명을 알고 그 각각이 100 명을 알기 때문에 A는 한 다리를 건너면 $100 \times 100 = 100^2 = 10^{2 \times 2} = 10^4$ 명과 연결된다. 그러니 A의 인맥은 생각보다 꽤 풍부하다. 이번에는 두 다리를 건너보자. 즉, A가 아는 100명 각각이 100명을 알고, 다시 그 100명이 또 다른 100명을 안다면 A와 두 다리를 건너 연결되는 사람은 모두 $100 \times 100 \times 100 = 100^3 = 10^{2 \times 3} = 10^6$ 명이다.

그럼 세 다리를 건너면 어떻게 될까? A가 앞에서와 똑같은 조건에서 세 다리를 건너면 $100 \times 100 \times 100 \times 100 = 100^4 = 10^{2 \times 4}$ 명과 연결된다. 이 식에서 10의 거듭제곱을 잘 살펴보면 한 다리도 건너지 않을 때는 $10^{2 \times 1}$, 한 다리를 건널 때는 $10^{2 \times 2}$, 두 다리를 건널 때는 $10^{2 \times 3}$, 세 다리를 건널 때는 $10^{2 \times 4}$ 명과 연결된다. 그래서 이런 식으로 다리 n개를 건너면 A는 $100^{n+1} = 10^{2(n+1)}$명과 연결된다.

그들은 논문에서 A가 전 세계 인구와 연결되려면 몇 다리를 건너야 하는지 구체적인 예를 주었다. 세계 인구는 약 66억 명이다. 그런데 $10^{9.82}$은 전자계산기로 계산해 보면 약 66억 700만 가량이다. 따라서 $2(n+1)$이 9.82보다 크면 A는 세계 인구 전체보다 더 많은 사람과 연결된다, 다시 말해 n이 3.91보다 크면, 그러니까 겨우 네 다리만 건너면 A는 모든 사람과 연결된다는 결론을 얻게 된다.

이것은 참으로 놀라운 결과이다. 그런데 이런 결론은 여러 비현실적인 전제들 아래에서 도출된 것이다. 이를 테면 A가 아는 사람들의 아는 사람들이 모두 달라서 중복되지 않는다는 전제가 있어야 하는데, 이것은 현실적이지 못하다. 그러나

이 문제를 감안하여 더 조심스럽게 계산해도 결론은 별로 달라지지 않는다.

예를 들어 A가 아는 사람이 100명이라고 할 때, 겨우 여섯 다리만 건너면 A는 세상 모든 사람과 연결된다. 앞에서보다 좀 더 실제적으로 확인해 보자. A가 아는 사람 100명이 다음 다리를 건널 때, 35%씩 아는 사람이 중복된다고 해 보자. 그러면 A는 한 다리를 건너면 중복되는 사람을 제외하고 $100 \times 65 = 6500$명과 연결된다. 다시 각각의 65명이 중복되는 사람이 35%라고 하면 $100 \times 65 \times 42 = 273000$명과 연결된다. 계속해서 아는 사람이 이와 같은 비율로 생긴다면 모두 여섯 다리를 건널 경우는 $100 \times 65 \times 42 \times 27 \times 18 \times 12 \times 8 = 12737088000$명과 연결된다. 즉, 약 127억 명과 연결된다.

그런데 또 하나의 숨은 전제는 대통령, 박지성, 김태희 등과 A의 연결을 따져봐서는 잘 검증되지 않는다는 것이다. 이 유명인들은 아주 많은 사람들과 연결되어 있기 때문에 A는 놀랍도록 가깝게 연결되어 있을 것이다. 반면에 A가 아마존 토착민이나 몽골 유목민과 연결되려면 훨씬 더 많은 다리를 건너야 한다. 심지어 A가 이들에게 접근하는 것조차 불가능할 수도 있다. 이들은 외부와의 연결이 매우 단순한 배타집단 속에서 산다.

A가 속한 연결망이 사슬이나 고리 모양이라면 A는 양쪽에 이웃한 두 사람만 연결되고 망 전체의 연결성은 빈약하다. 그러나 A가 속한 고리 모양의 연결망에 무작위한 연결 몇 개가 추가 되면 A는 고리의 한 위치에서 매우 빠르고 짧게 임의의

다른 위치에 도달할 수 있다.

그는 최근에 원거리 연결 몇 개가 망 전체의 연결성에 얼마나 영향을 미치는지 이해하기 시작했다. 그래서 그는 수많은 인근 지점들과 연결된 허브들을 단지 원거리 연결 몇 개만 추가하여 연결하면 매우 효율적인 망을 만들 수 있다는 생각을 하게 된 것이다.

이 사실은 모든 이동전화 사용자들이 연결될 수 있으려면 기지국의 전파가 미치는 구역이 얼마나 커야 하는지 또는 어떻게 소수의 감염자가 전염병을 확산시킬 수 있는지 탐구할 때 중요하다. 항공사들은 허브들과 노선들을 적절히 배치하여 비행시간을 최소화 하거나 환승 한 번으로 연결할 수 있는 도시들을 최대화하거나 비용을 최소화하려고 애쓴다. 그러려면 이 좁은 세상 연결망들이 지닌 뜻밖의 속성들을 이해할 필요가 있다.

그가 강주형에게 제시하여 둘이 함께 연구하기 시작한 이 분야의 연결성에 대한 연구는 다양한 의미의 세상이 있음을 보여준다. 항공 노선들, 전화선들, 이메일 경로들은 우리가 예기치 못한 방식으로 묶는 상호 연결망을 창출한다. 모든 것은 다른 모든 것과 생각보다 훨씬 더 가깝게 있다.

강주형은 그와 함께 연구한 이 분야의 결과를 마상진에게 그때그때 설명했다. 그리고 그 반응은 예상했던 대로였다.

"다음에 생각할 수 있는 것은 뭐요?"

결국 일 년여 동안 그와 강주형은 이 분야를 집중적으로 연구한 결과 많은 논문을 썼고, 그때마다 마상진은 무임승차를 하고 있었다. 그와 강주형이 열심히 연구를 할수록 마상진의 이름은 점점 더 올라가고 있었다. 그들이 한국수학총회에서 열심히 마상진의 이름을 올려주는 동안 이주세는 서안대학교 수학과에 전임으로 발령을 받았다.

강주형이 마상진을 지도교수로 하여 박사학위는 받았지만, 마상진은 처음부터 강주형을 어떤 대학에도 추천해 주지 않았다. 마상진이 강주형이 없는 술자리에서 그런 이야기를 하곤 했기 때문에 그것은 누구나 알고 있는 공공연한 비밀이었다. 물론 강주형도 그것을 알고 있었다. 그래서 강주형은 대학을 포기하기로 했고, 결국 고등학교에서 수학을 가르치는 선생님이 되었다. 그것은 자신의 권위에 도전했던 강주형에 대한 마상진 식의 형벌이었다. 마상진은 강주형의 지도교수이다. 이런 것이 바로 지도교수로서 마상진이 강주형의 앞날에 분탕질하는 것이었다. 다른 사람의 이목 때문에 졸업은 시켰지만 그 이후는 책임지지 않는 것, 아니 절대로 잘 될 수 없게 훼방을 놓는 것이었다.

그는 강주형의 실력을 알고 있었기 때문에 강주형을 고등학교에 놓아둔다는 것을 항상 안타깝게 생각하고 있었다. 하지만 그가 강주형을 위해 해 줄 수 있는 것은 같이 연구를 하는 것뿐이었다. 그것조차도 마상진의 눈치를 보며 할 수밖에 없었다.

그가 강주형과 공동연구를 하며 많은 결과를 내놓는 동안 마상진은 점차 그를 의심의 눈초리로 보고 있었다. 마상진의 눈에 그는 자기의 학생들을 하나둘 빼가려는 사람으로 보이기 시작했다. 강주형이 그랬고, 김유상도 점점 자기의 손에서 벗어나려는 움직임을 보이고 있었기 때문이었다. 그리고 마상진을 지도교수로 선택하겠다는 학생도 현저하게 줄어들고 있었다. 그래서 마상진은 이 모든 일의 배후에 그가 있다고 생각하기 시작했다. 그런데 그것은 결코 그의 탓이 아니었다. 이제 한국대학교 수학과 대학원에서 마상진의 실체를 모르는 사람은 없었다. 하지만 마상진만은 자신의 실체를 모르고 있었다. 아니, 안다고 하더라도 인정하지 않고 있었다.

그날도 11월 둘 째 날이었다. 강주형과 세미나를 끝내고 둘의 마지막 논문을 완성한 바로 그날이었다. 세미나가 끝날 무렵 마상진으로부터 연락이 왔다. 이제 마상진은 그들의 세미나에 나타나지도 않았다. 그는 무슨 일인지 의아해 하며 마상진의 연구실로 향했다. 그의 연구실은 3층이었고 세미나실은 2층에 있었기 때문에 한 층을 올라가야 했다.

"똑똑"

"들어오시오."

그가 마상진의 연구실 문을 열고 들어갔다. 이제 마상진의 연구실은 그가 처음 마상진과 공동연구를 하던 그때와는 확연하게 달라져 있었다. 서쪽으로 나 있는 창문은 수평 블라인드가 내려져 있었기 때문에 연구실은 형광등 빛으로 환했다. 서쪽 창을 오른쪽으로 보이게 배치된 책상은 마치 도서관 열람실 책상과 같이 커다랬다. 그 책상 위에는 어지럽게 서류들이 놓여 있었지만 얼핏 보기에도 정작 수학에 관련된 문서는 하나도 없었다. 모두 학교 일에 관련된 서류이거나 한국수학총회 관련 서류들로 마치 쪽매맞춤을 하듯 책상을 덮고 있었다. 그 책상 위 벽 쪽에는 거의 삼십 인치정도 되는 커다란 모니터가 놓여 있어서 책상 한 쪽에 앉은 그가 보기에도 눈이 아플 지경이었다. 그리고 예전에 한쪽 벽에 붙어 있던 화이트보드는 이미 책꽂이 뒤로 숨어버려 있었기 때문에 수학자의 연구실이라는 것은 책꽂이에 꽂혀 있는 전공서적만으로 짐작해야 했다.

"그래. 강선생과는 잘 되가오?"

"예. 그럭저럭."

"그런데 신선생이 우리 학생들을 모두 버려놓은 것 같소."

"예? 그게 무슨 말씀이지요?"

"신선생이 학교에 오가며 세미나를 하는 동안 우리 대학원생들에게 나쁜 물이 들었소."

"그게 무슨 말씀인지요?"

"신선생이 우리 학생들에게 내 욕을 하고 다닌다고 들었소."

"제가요?"

"그렇소. 왜 내 욕을 하는 거요? 난 열심히 우리 한국대학교 수학과를 빛내기 위해 노력하고 있소. 대외적인 활동을 하다 보니 연구와 수업에 약간 소홀했던 것은 사실이오. 하지만 그런 것을 가지고 우리 학생들에게 나를 지도교수로 택하면 졸업을 못한다는 둥, 논문을 못 쓴다는 둥 이런 소리를 하고 다니면 되겠소?"

"전 그런 소릴 한 적이 없습니다. 뭔가 오해가 있었던 것 같습니다."

"오해는 무슨 오해. 그래서 말인데, 강선생과의 논문도 이제 어느덧 끝난 것 같으니 이제 앞으로는 절대로 한국대학교 수학과에 오지 마시오."

"예?"

"다시 한 번 말 하리다. 앞으로 절대 한국대학교 수학과에 얼씬도 하지 말란 말이오."

너무나 일방적이고 황당한 주장에 그는 그냥 듣고 있을 수밖에 없었다. 어째든 마상진은 그렇게 일방적이고 갑작스럽게 그와 강주형을 버렸다. 사실 마상진에게는 말을 잘 듣지 않으려는 그와 자기 손안에 전혀 들어오지 않는 강주형이 점점 껄끄러워지고 있었다. 그리고 그와 강주형으로부터 앞으로 몇 년 동안은 연구를 소홀히 해도 될 만큼의 논문을 얻기도 했고, 마침 최민준이 연구결과도 나오기 시작했기 때문에 당분간 논문 걱정은 하지 않아도 될 상황이었다. 더욱이 그는 최근에 그를 지도교수로 택한 학생으로부터 컴퓨터를 배우기 시작했는데, 앞으로 순수수학보다는 컴퓨터와 관련된 것을 연구할 요량이었다. 그렇기 때문에 지금이 바로 그와 강주형을 내칠 기회라고 생각했고, 그 날이 바로 오늘이었다.

그는 그 일이 있은 후 지금까지 한국대학교 수학과와는 인연을 끊게 되었다. 그리고 강주형은 이 모든 일이 자기 때문에 비롯된 것이라는 자책으로 그에게 무척이나 미안하게 생각하고 있었다. 그래서 강주형은 지금도 그의 말이라면 무엇이든 들어주려고 하고 있었다.

그는 강주형에게 전화를 건 목적을 끝내 이야기 하지 못했다. 마상진이 한국수학총회 회장에 출마했으니 그에게 한 표 던지라는 말이 목구멍을 넘어 목젖까지 올라왔지만 강주형에게는 끝내 말하지 못했다.

11월 둘째 날의 비는 밤이 돼서야 그치기 시작했다. 그가 오늘 라디오에서 들은 건스앤로시스의 '11월의 비'는 다섯 번도 더 되는 것 같았다. 라디오를 틀고 채널을 돌릴 때마다 희한하게도 그 노래가 흘러 나왔다. 그러나 지금은 비가 그쳐 가고 있기 때문에 내일은 더 이상 이 노래가 들리지 않을 것이다.

8

블랙커피

8 블랙커피

어제 내리던 비가 모두 그친 오늘 아침의 하늘은 가을을 짙게 물들이고 있었다. 어제까지 마치 장마와 같이 내린 비로 인하여 그나마 힘들게 붙어 있던 울긋불긋한 잎들이 떨어져 오늘 아침은 가을이라기보다는 초겨울에 가까운 풍경이었다. 이런 날에 가장 잘 어울리는 것은 커피이다.

연구실에 도착한 그는 매일 그렇듯 가장 먼저 커피를 갈았다. 그가 즐겨 마시는 커피는 블루마운틴이다. 블루마운틴은 자메이카에 기원을 두고 있는 커피의 일종이다. 자메이카는 1830년대에 서인도제도에서 노예제도가 폐지되기까지 노예무역의 중심지로 40만 명의 아프리카 흑인노예가 매매되었던 슬픈 역사의 땅이며 세계 팝 음악계에 큰 영향을 준 레게(reggae)가 탄생한 곳이기도 하다. 레게음악만큼이나 세계인의 사랑을 받고 있는 것이 바로 자메이카의 블루마운틴 커피이다.

카리브 해에 있는 자메이카는 동서의 길이가 235km이고, 남북의 길이가 약 70km인 아담하고 아름다운 섬나라로 동남부에 2256m의 블루마운틴이라는 산이 있다. 자메이카에서 가장 높은 이 산에는 커피 산지가 형성돼 있고, 이 산 주변에서 생산되는 커피는 질이 매우 좋기 때문에 이 나라의 최고봉의 이름을 따서 블루마운틴이라고 부르게 되었다.

자메이카는 해발 2,000m 이상에서 재배되는 커피에만 블루마운틴이라는 이름을 붙이고 있으며, 크기를 균일화시켜 맛의 안정을 꾀했으며, 또한 각 농장에서 출하된 커피에는 반드시 그 농장에서 공인하는 품질 보증서를 첨부해 출처를 분명히 하고, 이를 오크 나무통에 넣어 다른 커피와의 차별화를 시도했다. 그 결과 자메이카 블루마운틴은 커피의 황제라는 명예로운 이름을 얻게 되었다.

하지만 그에게 블루마운틴의 맛은 대체적으로 자극이 없는 그저 평범한 맛이었다. 그도 그럴 것이 블루마운틴은 이렇다 할 맛의 특징을 발견하기 어렵고 전체적으로 부드러워 오히려 밍밍하게 느껴지는 향미가 여느 커피의 독특한 특성과 구별되기 때문이다. 하지만 그는 바로 그런 부드러우며 다른 첨가 향미가 없는, 커피 본연의 향 만 살아 있는 것 같은 블루마운틴이 좋았다.

그의 하루는 커피를 내려서 큰 잔에 따른 후 시작됐다. 11월 아침에 마시는 진하지 않은 블랙커피는 그의 몸에서 긴장이라는 놈을 멀리 쫓아버리고 편안함을 가져다주고 있었다. 그는 이런 아침이 좋았다. 그 때 전화가 왔다. 마상진이었다.

"신교수. 일은 어떻게 되어 가고 있소?"

"예. 잘 되고 있습니다. 너무 걱정하지 마세요."

"그래. 내가 이번 일만 잘 되면 지난번에 약속한대로 하겠소."

"알겠습니다."

"그래서 말인데. 오늘과 내일 이틀 동안 내가 직접 내려가서 그 지역의 표를 다져야겠소."

"꼭 그러지 않으셔도 됩니다."

"아니오. 내가 오후에 갈 테니 신교수가 나와 동행해 주시오."

마상진은 일방적으로 통보하고 전화를 끊었다. 그는 마상진이 온다는 말에 왠지 모를 거부감과 불안감이 밀려왔다. 마상진과 다시 연락을 하게 된 것은 전적으로 마상진의 선거 때문이었다. 그는 지금도 지난날 자신을 버렸던 마상진을 쉽게 용서하지 못하고 있었다.

마상진이 그에게 약속했다는 것은 강산대학교와 강산대학교 근교의 다른 대학의 교수들의 표를 끌어와서 마상진이 한국수학총회 회장에 당선되게 되면 그를 한국대학교 수학과 교수로 초빙하겠다는 것이었다. 그러나 그는 아직도 마상진의 말을 반신반의 하고 있기 때문에 적극적으로 선거에 나서지 않고 있었다. 마상진은 그런 그의 행동을 눈치 챘던 것이다. 그가 직접 내려온다는 것은 그의 미온적인 태도에 불만이 있기 때문이라는 것을 그는 알았다.

그는 마상진의 전화를 끊고 커피를 한 모금 마신 후에 전화기를 들었다.

'그래. 설동근 선배에게 조언을 구해보자.'

설동근의 대답은 간명했다. 이번이 마지막 기회라는 것이었다. 그러나 그는 그 동안 자신이 마상진에게 했던 일과 마상진이 그에게 했던 일을 다시 한 번 설동근에게 상기시켜 주었다. 잘못하면 다시 토사구팽을 당할 염려가 있었기 때문이었다. 하지만 설동근은 단호했다.

"신교수. 지금 마상진을 돕지 않고 신교수의 꿈을 이룰 다른 방법이 있어?"

"아니요."

"그럼 미친 척하고 한 번 해봐. 어쩌면 이게 하늘이 준 마지막 기회일지도 몰라."

"알겠습니다."

이리 저리 전화를 하는 동안 시간은 벌써 11시를 넘고 있었다. 마상진이 도착한다는 시간이 다 되었을 즈음 황원상에게서 전화가 왔다.

"신교수. 나 황이야."

"황 선배님. 잘 지내시지요?"

"응. 그나저나 마교수 때문에 전화했어. 신교수 마음은 잘 알지만 넓게 생각해서 한국대학교를 위한다는 마음으로 도와줘."

"……"

"나도 마교수가 싫지만 크게 생각하자고. 한국대학교에서 회장이 한 명은 나와야 체면이 서지. 그래서 나도 마교수가 싫지만 마교수의 당선을 위해 뛰기로 했네."

"알겠습니다. 저도 마음을 정했습니다."

"그래. 잘 생각했어. 신선생의 마음은 누구보다도 내가 잘 알지만 어쩌겠나. 사실 나도 김동화 교수님과 한재영 교수님으로부터 마교수를 도와달라는 연락을 받고 마음을 돌렸다네."

"예."

전화를 끊자마자 연구실 문을 노크하는 소리가 들렸다. 마상진이었다. 마상진은 그의 목소리를 확인했는지 연구실 문을 열고 들어왔다.

"신선생. 잘 있었소?"

그는 형식적이고 어색하게 마상진을 맞았다. 마상진이 그에게 한국대학교 출입금지령을 내린 이후 근 10년 만에 처음 대면하는 자리였다. 마상진도 마찬가지로 어색하게 그에게 인사를 건넸다. 하지만 마상진은 서먹해할 시간이 없다고 판단했는지, 그를 버리기 이전의 마상진으로 돌아갔다. 그러나 그는 아직도 마상진이 그를 버린 시점에 머물러 있었다. 마상진은 자리에 앉자마자 말했다.

"이번에 도와주면 내가 확실하게 매듭을 짓겠소."

"알겠습니다. 마교수님의 말을 믿겠습니다."

그는 마상진에게 아침에 끓여놓은 블랙커피를 내밀었다.

커피는 가끔 말이 없어도 대화를 이끌어 나갈 수 있도록 하는 음료이다. 마상진은 그에게 자신이 원하는 것을 그리고 그는 마상진에게 자신이 원하는 것을 블랙커피를 마시며 말하고 있었다. 커피를 거의 다 마실 즈음에 마상진이 먼저 입을 열었다.

"신교수. 준비되었으면 갑시다."

둘은 보이지 않는 계약을 하고 연구실을 나섰다.

그날 그리고 그 이튿날까지 그는 마상진과 주변의 학교를 돌아다니며 사람들을 만나느라고 정신없이 지냈다.

회장 선거하는 날은 생각보다 빨리 다가왔다. 그 동안 그는 주변 대학교의 수학과 교수뿐만 아니라 중학교와 고등학교에서 교사로 일하고 있는 한국수학총회 회원들까지 친분이 있는 사람이면 누구에게나 마상진에게 표를 달라고 열심히 선거운동을 했다. 처음에 주변 대학교의 수학과 교수들은 시큰둥한 반응을 보였으나 그의 끈질긴 노력으로 점점 마상진을 찍겠다고 하는 사람이 많아졌다. 그리고 그 결과는 신속하게 마상진에게 보고되었다. 그의 선거운동은 투표가 있기 전날까지 계속되었다. 그리고 그의 노력 덕분에 주변 모든 대학교수의 수학과 교수들의 표를 마상진에게로 돌릴 수 있었다.

선거는 마치 잔잔한 호수위에 떠있는 오리와 같이 진행되었다. 호수위에 떠있는 오리는 평화롭고 한가한 것처럼 보이지만 물속에 있는 오리의 발은 쉴새없이 휘젓고 있다. 선거는 바로 그런 오리 같았다. 마상진은 선거가 진행되는 내내 여기저기 연락하며 선거를 독려했다. 물론 그에게도 수시로 연락이 왔다. 그는 마상진에게서 연락이 올 때뿐만 아니라 연락이 없을 때에도 수시로 주변의 여러 사람에게 전화를 걸어 마상진을 선택해 줄 것을 청했다.

한국수학총회 회장 선거는 우편으로 이루어진다. 일정한 선거기간 동안 우편으로 접수되는 투표 결과는 정해진 날 오후까지 도착한 편지에 한하여 효력이 발생하도록 되어있다. 개표하기로 정해진 그날, 그는 연구실에서 결과를 기다리고 있었다. 선거결과를 예측할 수 없었기 때문에 마상진도 그도 초조해 있었다. 마상진이 초조해 하는 것은 당연하지만 그도 마상진 만큼이나 초조했다. 그는 바로 이 날이 마상진의 운명뿐만 아니라 자신의 운명도 바뀌는 날이라고 생각하고 있었기 때문이었다. 그는 일각이여삼추라는 고사를 생각하며 자꾸 시계를 들여다보았다. 오늘처럼 시계바늘이 더디 간 적은 없었던 것 같았다. 그리고 그날 저녁 한국수학총회의 선거 관리 위원이었던 설동근으로부터 전화가 왔다.

"신교수. 마교수가 당선됐네."

"정말입니까?"

"그래. 개표결과 아주 근소한 차이로 당선이 확정되었네."

"잘됐군요."

"그래. 특히 신교수 주변의 학교에서 마교수에게 거의 몰표를 던졌더구먼. 이게 모두 신교수가 한 작품인 걸 잘 알고 있네. 그 동안 고생했네. 이제 한국대학교 수학과에서 보게 생겼구먼. 허허허"

그는 설동근에게 마상진과 나누었던 이야기를 모두 전해주지는 않았다. 그러나 설동근은 그가 한국대학교 수학과 교수가 되어야 한다고 주장하던 대표적인 사람이었기에 말을 하지 않았어도 그가 마상진을 돕는 이유를 잘 알고 있었다.

그는 마상진의 승리가 곧 자신의 승리이며 자신의 인생이 바뀌는 순간이라고 생각하고 있었다. 흐뭇한 마음으로 연구실 의자에 깊숙이 몸을 기댄 그의 머릿속에 여러 가지 생각이 스치고 지나갔다.

개표가 끝나고 당선자가 정해지면 일주일 안에 새로운 회장과 집행부가 꾸려지게 되어있다. 그래서 회장에 출마하는 사람들은 당선을 대비하여 이미 한국수학총회의 임원진을 구성해 놓고 있었다. 물론 그는 그런 임원에는 관심이 없었다. 그의 관심은 오직 마상진이 자신을 한국대학교로 오라는 마상진의 말이었다.

개표가 끝나고 일주일이 넘었지만 마상진으로부터 아무 연락이 없었다. 그렇다고 그가 연락하기에는 머쓱해서 마냥 기다리고 있었다. 그 사이 그는 한국대학교로 옮겼을 때 어떤 연구를 가장 먼저 시작할까를 고민하며 이것저것 생각하고 있었다. 분명한 것은 어떤 것을 먼저 연구한다고 하더라도 마상진은 자기 이름을 넣어 달라고 할 것이라는 생각을 했다. 그러나 현재로서 그는 그런 모든 불합리한 것을 감수할 수 있다고 생각했다.

마상진의 연락을 기다리며 마시는 블랙커피는 그에게 잠깐의 휴식과도 같았다. 이 시간만큼은 기다림이 지루하지 않았다. 블랙커피라고 하면 가장 먼저 떠오르는 것이 진한 쓴맛과 검은 색일 것이다. 그러나 사람들은 블랙커피의 검은 색 속에 거울이 있음을 잘 알지 못한다. 블랙커피가 진할수록 반사는 더 잘 된다. 그래서 그는 블랙커피를 마실 때 먼저 커피가 담긴 잔속을 유심히 들여다보곤 한다.

블랙커피가 담긴 잔속에 비치고 있는 자신의 모습이 마치 우물 안 개구리와 같이 커피 잔을 벗어나지 못하고 있었다. 그 잔을 벗어나려면 커피가 없어지던지 아니면 스스로 잔에 모습이 비추지 않도록 들여다보지 말아야 했다. 그는 늘 그것이 궁금했다. 그는 아무것도 반사하고 있지 않은 커피 잔을 보고 싶었다. 그래서 가끔은 들여다보던 커피 잔에서 얼른 얼굴을 비켰다가 다시 쳐다보곤 했지만 잔속에는 항상 그가 있었다. 만일 그가 빛보다 빠른 속도로 그 일을 했다면 자신의 얼굴이 반사되지 않는 커피 잔의 속을 볼 수 있겠지만 그건 불가능했다. 물론 그도 잘 알고 있었다.

마상진의 연락을 기다리는 시간은 지루했다. 일주일이 가고 이주일이 지나가고 있었지만 지금까지 마상진으로부터 빈말이라도 수고했다는 연락은 없었다. 그는 마상진이 아직은 바쁘기 때문에 정신이 없어서 연락을 못하고 있을 것이라고 자위하면서도 불안했다. 이메일을 여러 차례 보내보았지만 그것도 답이 없었다. 그는 마상진의 연락을 기다리는 것은 마치 아무것도 반사하지 않는 커피 잔의 속을 보는 것과 같다는 생각이 불현 듯 들었다. 불가능한 기다림이라는…….

전화기를 들은 그는 마상진의 번호를 눌렀다. 전화기는 그가 버튼 누르는 것을 마침과 거의 동시에 울렸지만 똑 같은 소리의 반복만이 그의 귀를 울렸다. 용기를 내어 전화를 했지만 마상진은 전화를 받지 않았다. 한참을 울렸지만 전화기 속에서는 전화를 받을 수 없으니 음성녹음을 하라는 메시지만 울렸다. 연락을 기다리고 있다는 음성녹음을 했지만 마상진이 메시지를 언제 들을지는 몰랐다. 순간 마상진이 설령 메시지를 들었다고 하더라도 그에게 연락해 오지 않으리라는 불안감이 그를 휘감기 시작했다. 그는 전화기를 든 김에 설동근에게 전화를 했다.

"선배님. 마교수님 연락이 안 돼요."

"그래? 어제도 통화했는데."

"지금도 전화를 받지 않네요. 이메일 답도 없고."

"지금 수업중인가?"

"아무래도 기분이 이상해요. 선거 전에 마교수님이 저에게 약속한 것이 있었는데, 당선된 이후에 통 연락이 닿질 않네요."

"그랬구나. 내가 한 번 알아봐 줄게."

기다림은 지루한 일이다. 더욱이 운명을 건 기다림은 하루하루 아니 한 시간 한 시간이 더딘 지루함의 연속이었다. 잠이 오지 않을 때 양을 한 마리씩 세면 잠이 온다는 말이 있다. 그러나 진짜 잠이 오지 않으면 그 양의 수를 정확하게 세야 한다는 생각에 더 잠을 이룰 수 없게 된다. 지금 그런 상황이 그에게 펼쳐지고 있었다. 마침내 설동근에게서 연락이 왔다.

"신교수. 뭐라고 말해야 하지."

"마교수님과 연락이 됐어요?"

"그렇긴 한데. 마교수 말로는 자기는 신교수를 볼 일이 없다고 하는군. 한 마디로 딱 잘라 말하던데."

"그럴 리가 없어요? 분명히 약속했어요."

"마교수가 저렇게 나오는 것은 신교수를 버리겠다는 뜻일세."

"그렇다면 저도 가만히 있지는 않겠어요. 그 동안 제가 마교수에게 써준 논문과 일들을 모두 밝히겠습니다."

"신교수. 그건 오히려 신교수 스스로의 무덤을 파는 일이야. 현재 마교수는 우리나라 수학을 움직이는 최고의 힘을 가지게 되었네. 그런 힘에 신교수가 대적한다는 것은 무리야."

"그럼 저는 어쩝니까? 저와의 약속은 어찌되는 거냐고요?"

"마교수 그 인간 나쁜 것은 예전부터 알고 있지 않았나? 우리가 마상진을 너무 쉽게 생각했던 것 같아."

"선배님! 전 어쩝니까?"

"내가 더 설득은 해 보겠네. 그러나 큰 기대는 하지 말게."

"후-"

설동근의 말에 그는 깊은 한숨을 쉬는 것 밖에 따로 할 수 있는 것이 없었다.

그 이후 설동근은 마상진을 여러 차례 만나 그의 일을 설득했다. 하지만 마상진은 요지부동이었다. 그가 한국대학교에 교수로 오게 되면 그 동안 대학원생들이 그나마 자신의 업적이라고 생각했던 것들조차도 모두 의심하게 되는 상황이 싫다는 것이었다. 그래서 처음부터 그를 한국대학교로 부르려는 마음은 없었다고 했다.

허탈했다. 그는 모두가 마상진의 말속임수에 넘어간 것이라고 생각했다. 간단하지만 깜빡하면 진실을 알아차리기 힘든 말속임수와 같은 것이었다. 마치 수학에 오래전부터 전해내려오던 말속임수 문제와 같았다.

여행자 세 명이 식당에 들어갔다. 각자 지갑에는 1만원밖에 없었다. 그들은 음식을 먹기 위해 3만 원짜리 음식을 시켰다. 그리고 여행자들은 각자 가지고 있던 1만 원씩을 음식점 주인에게 지불했다. 여행자들이 음식을 먹는 동안 음식점 주인은 지친 여행자들을 위하여 특별히 음식값을 2만 5천원으로 깎아주기로 결심했다.

음식점 주인은 종업원을 불러 여행자들이 음식을 모두 먹고 음식점을 나갈 때, 그들에게 5천원을 돌려주라고 일러두었다. 그러나 음식점 종업원은 5천원을 세 사람에게 나눠주는 방법이 까다로웠기 때문에 2천원을 팁으로 챙기고 1천 원씩 각자에게 돌려주었다.

이 금액을 합산해보면 총 2만 9천 원이다. 그런데 원래 여행자들이 지불한 금액은 3만 원이였다. 나머지 1천 원은 어디로 사라진 것일까?

그는 사라진 1천 원과 마상진이 자신에게 했던 말을 되새기고 있었다. 사라졌다고 생각했던 1천원은 사라진 것이 아니다. 단지 계산을 잘 못한 것이었다. 1천 원씩 돌려받았으니 음식 값은 9000원 씩 3명이 내서 2만 7천 원이고, 여기에 팁 2천 원을 더하면 모두 2만 9천 원인 것이다.

그는 마상진에게 이런 허무한 놀음에 당한 것이었다. 그의 꿈을 향한 간절한 믿음이 그의 눈을 멀게 하고 이성적 판단을 멈추게 했다. 아니. 어쩌면 황원상의 말대로 그는 마상진의 미궁에 던져진 먹잇감일 뿐이었는지도 모르겠다.

그는 자신이 벗어났다고 생각하고 있었던 마상진의 미궁을 아직도 벗어나지 못했다는 것을 그제서야 알게 되었다. 결국 그는 마상진에게 다이달로스도, 테세우스도, 이카루스도 아닌 그저 힘없이 죽어가는 미노타우로스의 먹이였다.

블라인드가 쳐져 있는 거실 창밖은 아직도 어둠이 가시지 않은 듯 어슴푸레 보였다. 그는 분명 블라인드 밖은 서리나

눈이 내려 있을 것을 기대하며 블라인드를 걷기 위해 베란다로 다가섰다. 하지만 그의 생각과는 다르게 어슴푸레한 기운의 범인은 바로 안개였다. 12월 중순을 넘어가고 있었기 때문에 당연히 서리나 눈이 내렸던지 아니면 내리려고 하는 찰라일거라고 생각했지만 그의 생각은 빗나갔다. 안개는 마치 솜이불처럼 포근하게 내려 앉아 있었다. 안개에 묻혀서 아파트 주차장의 차들은 뿌옇게 흐려져 있었다. 마치 수채화 그림에 물을 엎은 듯 안개는 모든 것들을 흐릿하게 만들고 있었다.

그는 신문을 뒤적이며 날씨를 찾았다. 이상기온으로 마치 봄 같은 토요일 아침이 될 것이라고 한다. 신문은 여러 가지 정치현안과 사회, 경제 문제를 다루고 있었지만 정작 신문기자의 말 보다는 '누가 이랬다고 하더라.'의 '하더라 통신'이 주를 이루고 있었다. 사회면을 뒤적이던 그의 눈을 붙잡는 기사가 있었다.

그 기사에는 한국수학총회 회장 당선자인 마상진의 사진과 함께 인터뷰 내용이 실려 있었다. 기사에 의하면 신임회장이 된 마상진은 우리나라의 수학발전을 위해 자신의 모든 역량을 발휘할 것이라고 밝히고 있었다. 기사는 마상진의 연구실적과 그 동안 일했던 여러 가지 경력 또한 화려하게 소개하고 있었다. 그 많고 화려한 경력의 대부분은 후배나 불행히도 그를 지도교수로 택한 대학원생들의 피땀으로 이루어진 것이었지만 기사는 그 모든 것이 마상진 혼자의 노력으로 이룩한 것이라고 소개하고 있었다. 기사를 본 그는 한 때 마상진의 경력을 화려하게 만들기 위해 노력했던 자신의 모습을 생각하며 씁쓸한 헛웃음을 지었다.

'마상진이 만든 미궁의 먹잇감.'

그게 그의 임무였던 것이다.

마상진이 한국수학총회 회장에 당선이 확정된 것은 벌써 보름 전이었다. 그리고 마상진으로부터 연락이 끊긴 것도 보름이 되었다. 그는 안개 낀 하늘이 마치 자신의 모습과 닮았다는 생각에 깊은 한숨을 내쉬었다.

우울한 마음을 다스리기 위해 우면산으로 향했다. 원래 12월의 아침 공기는 떨어지는 낙엽과 같이 수은주를 아래로 떨어뜨려야 했지만 오늘은 그렇지 않았다. 겨울이 다가오다가 잠시 숨을 돌리기 위해 걸음을 멈춘 사이 가을이 잃어버리고 간 것을 되찾으러 온 것 같았다. 그는 바쁠 것 없는 걸음으로 우면산으로 향해 걷기 시작했다. 우면산은 안개에 싸여 아무것도 보여주지 않고 있었다. 토요일이라서 그런지 우면산 입구에는 사람들이 삼삼오오 짝을 지어 산에 오르고 있었다.

걸음을 옮기는 그의 발은 여느 때와 다르지 않았지만 생각의 무게는 한층 무거웠다. 신문기사에서 본 마상진의 인터뷰 한 대목이 생각났다. 그의 말에 의하면 자신의 생일이 8월 13일 21시 34분이고, 이 수들은 황금비율을 이루기 때문에 자신이 회장이 된 이후에 한국수학의 모든 일이 잘 될 것이라고 한다. 그는 자기 생일이 5월 8일 13시 21분인 것에 비하여 마상진의 생일이 황금비율에 좀 더 가깝다는 것을 알게 된 것이다. 그 비율의 차이는 겨우 0.004 정도뿐이었다. 이 근소한 차이를 극복할 수 없다는 안타까움이 그의 머리를 무겁게 했다. 아주 미세한 초기조건으로 시작된 어떤 일의 결과가 엄청난 차이를 보일 수 있다는 나비효과가 그의 마음에는 나비가 아닌 폭탄을 가득 싣고 날아오고 있는 폭격기와 같았다.

그는 우면산을 오르며 중얼거렸다.

'황금비율의 나비효과 0.004'

그가 소망탑에 오른 후에도 우면산의 안개는 걷히지 않고 있었다. 소망탑에서 바라본 산 아래의 모습은 안개에 싸여 신비로움을 자아내고 있었다.

그는 하릴없이 있다가 우면산을 내려오기 시작했다. 하지만 평소와는 다르게 계단을 센다든지 시간을 특정한 수에 맞추려하지는 않았다. 그저 발길이 이끄는 속력으로 산을 내려오고 있었다.

예술의 전당 버스 정류장에 도착했을 때는 안개도 많이 걷혀있었다. 마을버스는 이미 도착하여 타고 있던 손님들을 모두 내려놓고 새로운 손님을 태우기 위해 기다리고 있었다. 하지만 그는 버스를 타지 않고 걸어서 집으로 가기로 했다. 햇발은 안개를 휘저으며 이리저리 뛰고 있었고, 그는 그런 햇발 속으로 발길을 옮기고 있었다. 마치 햇발은 그의 길을 다시 열어주듯 안개를 집어 삼키고 있었다. 집으로 오는 내내 그는 안개를 걷으며 비추는 햇빛을 따라 걸었다. 그에게는 아직도 남들과 다른 황금비율이 있었다.

황금비율

초판 인쇄 / 2014년 6월 20일
초판 발행 / 2014년 6월 25일

지은이 / 이광연

펴낸이 / 오판근
펴낸곳 / 교우사
출판등록 / 1994년 3월 24일 제6-0256호
주소 / 서울특별시 동대문구 약령시로 8 교우빌딩 2층
전화 / 02) 925-2861(대표), 02) 925-2825(편집부)
팩스 / 02) 925-2860

kyowoo@kyowoo.co.kr
http://www.kyowoo.co.kr

ISBN 979-11-251-0027-0 (03410)

가격 **12,000**원